JAPANISCHE HOLZMÖBEL SELBST GEBAUT

JAPANISCHE HOLZMÖBEL SELBST GEBAUT

24 PROJEKTE SCHRITT FÜR SCHRITT ERKLÄRT

group monomono

INHALT

02 TISCHE

03 AUFBEWAHRUNG

EINLEITUNG

Dieses Buch basiert auf *Aidia wo ikashita katei no kosaku* oder *Making Use of Ingenious Ideas: Woodworking at Home* (Geniale Ideen für Selbstbau-Holzmöbel), das von der KAK-Designgruppe erarbeitet und1953 erstmals vom japanischen Verlag für Handwerkskunst *Ondori-sha* veröffentlicht wurde. Die aktuelle Neuausgabe durch group monomono belebt das ursprüngliche Design aus der Mitte des letzten Jahrhunderts neu und dokumentiert seine Beständigkeit.

In den 1950er-Jahren waren gebrauchsfertige Haushaltsmöbel eine Seltenheit. Regale, Tische und andere Wohnmöbel wurden oft eigens vom Schreiner angefertigt. Die Tischlerei war damals kein Hobby, sondern ein wichtiges Handwerk. Die vorliegende aktualisierte und überarbeitete Buchausgabe des damaligen Klassikers enthält einfache und funktionale Möbel, die mit ihrem ansprechenden und noch immer frisch wirkenden 50er-Jahre-Aussehen auch heute noch in jede Wohnung passen. Das Buch präsentiert vierundzwanzig im Wesentlichen aus Holz gefertigte, stilvolle Möbelstücke und veranschaulicht ihren Bau Schritt für Schritt mit detaillierten Fotos, Bauplänen und Anleitungen.

Eine Anmerkung zu den verwendeten Materialien

In unserer aktuellen Veröffentlichung konzentrieren wir uns auf Holzmöbel, obwohl im Originalbuch auch andere Materialien wie Plastik zum Einsatz kamen. In der ursprünglichen Veröffentlichung wurden außerdem viele Projekte bewusst mit Sicheltanne oder Sugi (*Cryptomeria japonica*) umgesetzt, um der japanischen Leserschaft dieses vielseitige und in Japan weitverbreitete Holz nahezubringen. Falls es schwierig sein sollte, Sicheltanne zu beschaffen, gibt es Alternativen wie Lärche, Kiefer oder Fichte/Tanne (Europa) und Tulpenbaum (USA), die sich gleichfalls für den Bau unserer Holzmöbel eignen. Ansonsten kann man andere ortsübliche Hölzer nutzen. Sie sollten möglichst engstehende Jahresringe aufweisen und astfrei sein. Weitere Angaben zu den Bauteilen auf S.183

GEBRAUCHSANWEISUNG FÜR DIESES BUCH

Bezeichnung des Möbelstücks

Schwierigkeitsgrad und Zeitaufwand für den Bau

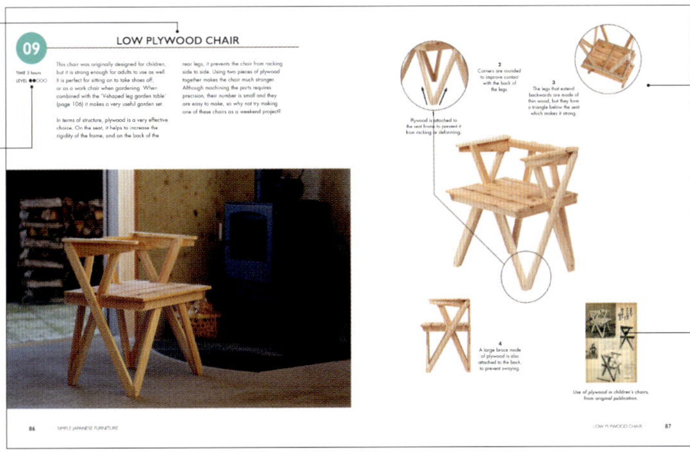

Erläuterung der Knackpunkte des jeweiligen Projekts

Darstellung des Möbelstücks im Originalbuch

Erforderliche Bauteile und Materialien

Verwendete Werkzeuge

Maße der aus dem Material zuzuschneidenden Bauteile

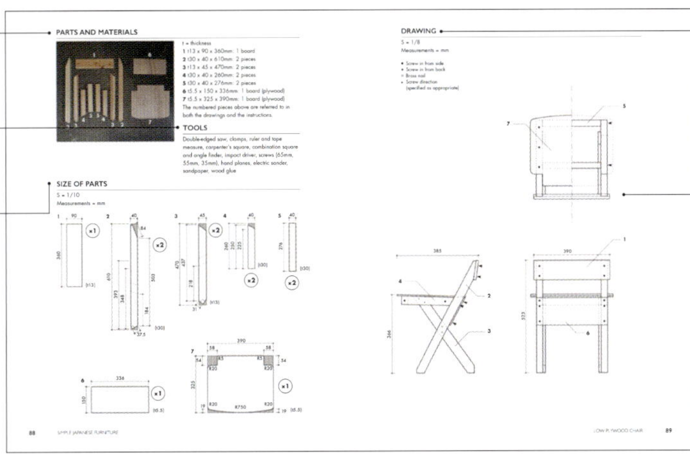

Umfassende Baupläne zeigen die Platzierung aller Bauteile

Die durchgängig verwendete Maßeinheit ist Millimeter.

EIN BLICK INS ORIGINALBUCH

Im Jahr 1953 gründeten die jungen Industriedesigner Yoshio Akioka, Junnosuke Kawa und Itaru Kaneko in Meguro in Tokio die KAK-Designgruppe. Bei der Produktgestaltung in der Nachkriegszeit schwebten ihnen neue Formen vor. Auch ihre optischen Instrumente wie der Belichtungsmesser von Sekonic und die Kamera von Minolta sollten äußerst erfolgreich sein, doch ihr erstes Projekt war das Buch „Geniale Ideen für Selbstbau-Holzmöbel".

FUNKTION UND DESIGN

Das Buch sagt viel über die Persönlichkeiten der einzelnen KAK-Mitglieder aus. Alle drei waren vom Nutzen des Handwerks überzeugt und schätzten die Freude, die dabei entsteht. Ziel des ersten Projekts der KAK-Gruppe war es, abwechslungsreiche Möbel zu entwerfen, die ein glückliches Zuhause verkörpern und beim Bauen mit wenigen hochwertigen Werkzeugen auskommen.

Wie der Titel „Geniale Ideen für Selbstbau-Holzmöbel" bereits verspricht, steckt das Buch voller jedes Zuhause bereichernder Objekte, deren bloßer Anblick bereits Begeisterung weckt. Ob Stühle, Tische, ein Schirmständer, Bücherregale, Stiftebecher, Hundehütten oder Spielzeugkisten – zu allen Objekte gibt es zahlreiche Fotos und interessante Kommentare sowie wertvolle Tipps für den Bau der Möbel. Auf diese Weise lässt sich ihre Wirkung sowohl für sich genommen als auch im Raum gut einschätzen. Die Funktionalität der Objekte ist im Buch untrennbar mit ihrem Design verbunden.

Gleich zu Beginn geben die Autoren Empfehlungen für die richtigen Werkzeuge ab. Statt günstiger Arbeitsgeräte für Heimwerker raten die Designer zu Profiwerkzeugen, die auch noch Jahrzehnte nach ihrer Anschaffung gute Dienste leisten. Außerdem erfährt der Leser, worauf es bei Sägen, Stemmeisen, Anreißhilfsmitteln, Nägeln, Schärfsteinen und anderen Arbeitsgeräten ankommt. Auch eine Einführung in den Gebrauch eines Hobels – des für den Laien anspruchsvollsten Werkzeugs – fehlt nicht.

INDIVIDUELLE BAUPLÄNE

Der zweite Teil des Buches enthält detaillierte Skizzen für jedes der dargestellten Objekte. Mit seinen schwarzen Zeichnungen auf gelbem Hintergrund ist das Layout dieser Seiten grafisch sehr ansprechend.

Die Liebe zu Werkzeugen und zur Holzbearbeitung und die feste Absicht, einfache, rasch und leicht umsetzbare Designs anzubieten, war allen KAK-Mitgliedern gemeinsam. Aus der Energie, die sie bei der Zusammenführung ihrer gestalterischen Vorstellungen freisetzten, entstand das Buch „Geniale Ideen für Selbstbau-Holzmöbel". Es unterschied sich wesentlich von anderen damaligen Veröffentlichungen für Heimwerker, da es sich nicht nur mit dem Bau von Möbeln befasste, sondern auch mit den Bedürfnissen von Familien. Die angebotenen Gestaltungsbeispiele, sollten die Leser darin unterstützen, sich ihren Alltag so angenehm und bequem wie möglich einzurichten.

Making Use of Ingenious Ideas: Woodworking at Home *(Geniale Ideen für Selbstbau-Holzmöbel), 1953 von Ondori-sha veröffentlicht.*

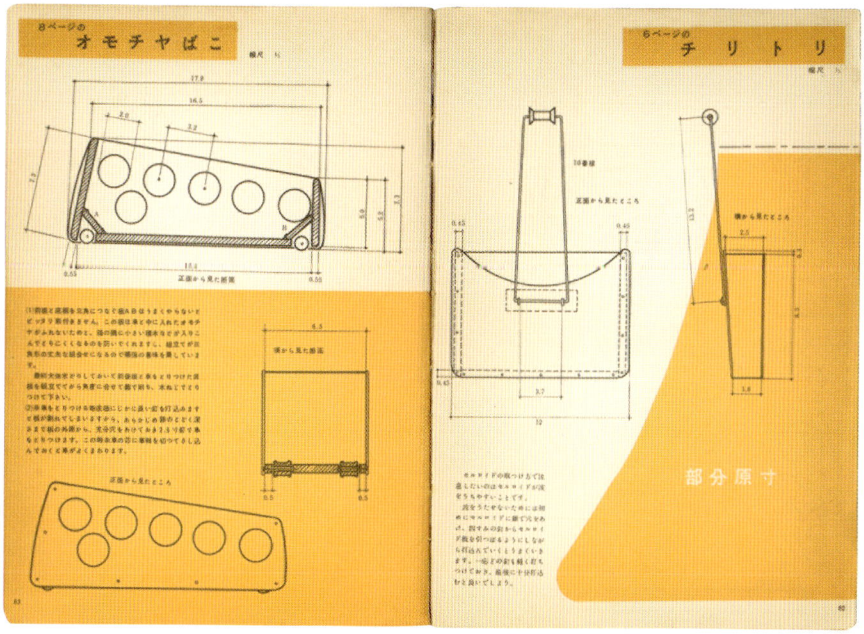

Der charakteristische KAK-Stil mit schwarzen Strichzeichnungen auf gelbem Hintergrund.

Links: „Hübsche, leicht zu bauende Spielzeugkiste aus Sperrholz“. Rechts: „Benutzerfreundliche Kehrschaufel aus Zelluloid und Sperrholz“.

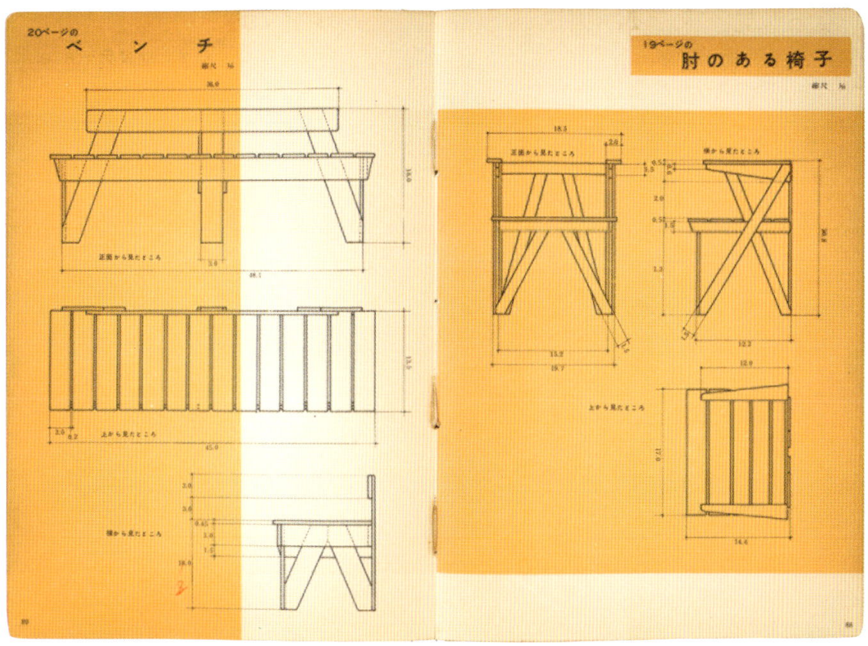

Links: „Bank für einen fröhlichen Garten“. Rechts: „Stabiler, bequemer Stuhl mit Armlehnen“.

„Das Buch unterschied sich wesentlich von anderen damaligen Veröffentlichungen für Heimwerker, da es sich nicht nur mit dem Bau von Möbeln befasste, sondern auch mit den Bedürfnissen von Familien.“

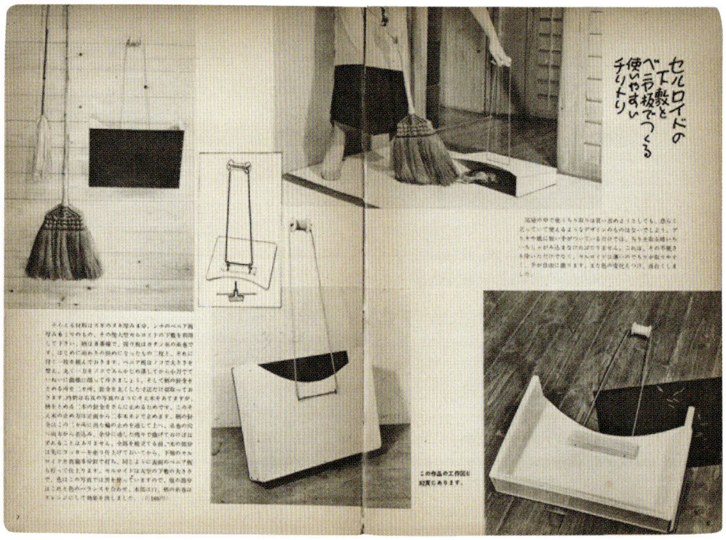

„Benutzerfreundliche Kehrschaufel aus Zelluloid und Sperrholz".

„Ein Tablett für den sicheren Biertransport".

EINFACHE ALLTAGSGEGENSTÄNDE

Zu den im Buch vorgestellten Objekten gehören ein „Tablett für den sicheren Biertransport" und eine „Kehrschaufel zum sauberen Auskehren der Zimmerecken" (siehe oben). Die Bezeichnungen waren originell und oft humorvoll. Die KAK-Autoren beobachteten sich im Alltag und entwickelten Gegenstände, die sie als nützlich empfanden. Dabei achteten sie auf eine zweckmäßige und einfache Gestaltung. Sie designten auch ein „Tablett zum Transport des Reiskochers" – ein Einblick in die damaligen Lebensgewohnheiten, denn noch gab es keinen elektrischen Reiskocher. Den ersten brachte Toshiba 1955 auf den Markt, und er steht seither in nahezu jedem japanischen Haushalt. Einer der praktischsten und unverwechselbarsten Gegenstände ist eine Hängelampe an einer Gardinenstange. Der umgedrehte Lampenschirm hängt an einer schmalen Metallschiene, die an der Wand befestigt wird. Die Leuchte kann auf der Schiene nach Belieben verschoben werden. Objekte, die aus derart genialen Ideen hervorgehen, sind eine zeitlose Inspiration für jedermann. Die KAK-Veröffentlichung zeigt eine weitere zweckmäßige Lampe, die man sowohl an die Wand hängen als auch auf den Tisch stellen kann. Diese spezielle Leuchte ist noch heute im Zuhause von Akiokas Verwandten in Gebrauch.

Links: „Tablett zum Transport des Reiskochers".
Rechts: „Schicke Aufbewahrungskiste".

Links: „Eine auf einer Vorhangstange verschiebbare Hängelampe".
Rechts: „Geschmackvoller Bambusvorhang an der Gardinenstange".

Uni-Bleistifte von Mitsubishi.

INNOVATIVE MATERIALIEN

Nicht zuletzt liefert „Geniale Ideen für Selbstbau-Holzmöbel" kluge Kommentare zu clever ausgewählten Werkstoffen. Im Buch werden überwiegend Bretter und Sperrholz verwendet, einfach weil sie überall erhältlich waren. Alternativ dazu entschieden sich die KAK-Designer außerdem für preiswerte Zelluloidplatten. Ihr Einsatz war eine für die KAK-Gruppe typische Idee, weil das Material Geräumigkeit suggeriert. Die Objekte „Witziger Briefhalter und Buchstützen aus Zelluloidplatten" und „Neuartiger Postkasten aus Zelluloid" waren anzufertigen, indem man die Platten erwärmt und formt. Die Verwendung des Werkstoffs auf diese Weise gilt als Wegbereiter für die von den Autoren wenig später entworfene Verpackung der Uni-Bleistifte von Mitsubishi (1958). Die Schachtel bestand aus Plastik, das zu jener Zeit wenig gebräuchlich war, und einem mit Aluminiumscharnieren daran befestigten transparenten Deckel mit dem fettgedruckten Schriftzug „Uni". Das Design war damals revolutionär. Akioka hatte ein Talent dafür, geniale Ideen zu entwickeln. Anhand des Originalbuchs kann man sich leicht Akiokas, Kawas und Kanekos freudigen Gesichtsausdruck vorstellen, während sie sich gerade geniale Lösungen ausdenken.

Furihata Chikako
(Curator, Meguro Museum of Art)

WARUM DER BLICK ZURÜCK?

Erstmals stieß ich 2011 in der DOMA-Yoshio-Akioka-Ausstellung im Meguro-Kunstmuseum auf die „genialen Selbstbau-Holzmöbel" der KAK-Gruppe. Inmitten der Exponate, die nicht nur Akiokas Erfolge als Industriedesigner, sondern auch seine Leistungen in anderen Bereichen wie Spielzeugentwurf und Volkskunst zeigten, sprach mich insbesondere der zeitlose Reiz des Buches an, obgleich es nicht zu seinen bedeutendsten Werken zählt.

DURCHDACHTES DESIGN

Die Ausstellung enthielt eine Sammlung einfacher Anweisungen und Zeichnungen, mit denen ein Hobbytischler ein komplettes Möbelsortiment aus Stühlen, Tischen und Aufbewahrungselementen anfertigen kann. Mit anderen Worten: Das Buch war ein früher Heimwerkerratgeber. Aber es bot nicht nur Anleitungen, sondern auch eine Auswahl von Objekten, die auch für Eigenbau-Anfänger geeignet und entsprechend einfach aufgebaut waren.

Die Verwendung einfach zugänglicher Baumaterialien und Werkzeuge gestattet es dem noch unerfahrenen Heimwerker heute wie damals, als das Buch erstmals veröffentlicht wurde, Einrichtungsgegenstände preiswert und mit wenig Aufwand selbst zu bauen. Eigentlich gelten viele der in „Geniale Ideen für Selbstbau-Holzmöbel" verwendeten Materialien, wie zum Beispiel sägeraue Sicheltannenbretter, allgemein als für den Möbelbau ungeeignet. Diese Tatsache ist jedoch keineswegs ein Zeichen für geringe Qualität oder schlechtes Design, sondern vielmehr dafür, dass die KAK-Mitglieder bei ihrer Gestaltung insbesondere auf „problemlos erhältliche Materialien" und den „Kenntnisstand von Amateuren" achteten. Sie berücksichtigten die Eigenschaften und Kombinationsmöglichkeiten der Werkstoffe sowie die Kosten und Maße der Bauteile, bevor sie alles auf geniale Weise zusammenfügten.

Auf diese Weise erzielte die KAK-Gruppe Designkunst auf hohem Niveau. Ausgangspunkt der Autoren war zunächst die genaue Kenntnis der Materialeigenschaften. Sie wählten praktikable Bauweisen, die auf der Basis der Werkzeuge und der Holzbearbeitungsfähigkeiten ihrer Leserschaft umsetzbar waren. Die KAK-Mitglieder entwickelten hochwertige Designs, die einfach zusammenzubauen waren und optimale Kräfteverteilung aufwiesen.

Dabei war der Anspruch des Teams bei Weitem nicht nur, „coole Objekte" zu entwerfen. Yoshio Akioka riet einst: „Schätze die Dinge, die du hast, anstatt nur zu konsumieren." Deshalb meine ich, dass es bei „Geniale Ideen für Selbstbau-Holzmöbel" nicht nur um „Dinge" zum Nachbauen geht, sondern um das „Leben", das anschließend mit ihnen stattfindet.

ITALIAN CONNECTION

Einundzwanzig Jahre nach „Geniale Ideen für Selbstbau-Holzmöbel" erschien 1974 unter dem Titel „Autoprogettazione?" (Eigenkonstruktion?) ein ähnliches Buch des italienischen Designers Enzo Mari. Auch er präsentierte Fotos und Zeichnungen ebenfalls einfach zu bauender Möbel aus preiswerten, leicht erhältlichen Materialien. Enzo Mari entwarf Produkte für Premium-Möbelhersteller wie DANESE und DRIADE und hatte auf den ersten Blick ebenso wenig mit der Heimwerkerwelt am Hut wie die KAK-Gruppe, die Kameras und Motorräder entwarf. Wieso interessierte sich nach den KAK-Designern nun auch Enzo Mari, der einer anderen Zeit und einer anderen Kultur angehörte, für den Hobby-Eigenbau?

Als „Autoprogettazione?" 1974 erschien, stand Italien vor einer Wirtschaftskrise. Die Zeiten waren denkbar ungünstig für den Verkauf von Edelprodukten. Japan hingegen befand sich 1953 mitten im Wiederaufbau der Nachkriegszeit und in einer von den besonderen wirtschaftlichen Anforderungen des Koreakriegs angeheizten Wachstumsphase. Volkswirtschaftlicher Niedergang und Konjunkturhoch – Enzo Mari und die KAK-Gruppe erlebten diametrale Gegensätze. Beiden gemeinsam ist das Bewusstsein, dass unter extremen wirtschaftlichen Bedingungen die Gesetze der Ökonomie nicht länger gelten, die Lebendigkeit in der Beziehung zwischen Gütern und Gesellschaft schwindet und

Links: Akioka und der KAK-Angestellte Kazuo Shibata (rechts) sitzen auf einer Bank im Hof von Akiokas Haus im Stadtteil Meguro, Tokio, wo sich auch das KAK-Büro befand.

Unten: Die Frühjahrsausstellung 2017 im Meguro Museum of Art. Im Vordergrund stehen Möbelstücke aus „Geniale Ideen für Selbstbau-Holzmöbel", gefertigt von Satoru Ito.

sich die Menschen von den Gütern entfremden. Sowohl die KAK-Designer als auch Enzo Mari wollten mehr als nur Objekte entwerfen. Ihre Art der Produktgestaltung sollte vielmehr das echte Leben und die Zeit, in der es stattfindet, einfangen. Ich glaube, es ging ihnen darum, die Menschen zum Mitmachen zu bewegen, vor allem, weil sie meinten, zwischen ihrer Arbeit und dem Leben der Menschen verlaufe ein Riss. Ich möchte einen Abschnitt aus Yoshio Akiokas Buch „From Chopsticks to Cars" (1971, Von Essstäbchen zu Autos) beisteuern: „Erzeuge alltägliche Dinge mit deinen Händen. Darin liegt wohl der ursprüngliche Sinn des Herstellens ... In den spezialisierten Produktionssystemen der modernen Fertigung von heute sind Designer, Hersteller, Verkäufer und Verbraucher unterschiedliche Menschen, und du konsumierst nur etwas, das sich einer ausgedacht und ein anderer hergestellt hat. Ich bin Gestalter, jemand, der denkt. Meine Designs entstehen durch die Arbeit anderer, und wieder andere verkaufen sie." Akioka befürchtete, dass das Aufteilen der einzelnen Arbeitsschritte zu Abgrenzung führen könnte, und begriff seine Rolle als Designer als die eines Brückenbauers. Ihm ging es darum, die Beziehungen zwischen den Einheiten im Produktionssystem und den Nutzern neu zu verhandeln. In „Geniale Ideen für Selbstbau-Holzmöbel" erhaschen wir ohne Zweifel einen Blick auf den Geist, der hinter dem Buch steht.

Satoru Ito
(Architekt, Dozent an der Universität von Tokio)

ÜBER DIE KAK-DESIGNGRUPPE

Im Februar 1953 nahm NHK als erster Fernsehsender in Japan den regulären Sendebetrieb auf. Im September desselben Jahres schlossen sich die Designer Yoshio Akioka, Junnosuke Kawa und Itaru Kaneko unter dem Namen KAK Design Group zum ersten japanischen Industriedesign-Studio zusammen. Der Name, bestehend aus den Anfangsbuchstaben der drei Gründungsmitglieder, steht für ein interessantes Team, das zahlreiche einzigartige Meisterwerke geschaffen hat, angefangen von Musiktruhen, Kameras und optischen Instrumenten bis hin zu Motorrädern und Papierprodukten. Im japanischen Industriedesign nimmt die KAK-Gruppe eine einzigartige Position ein.

„Es ist bedeutungsvoll, wenn sich eine Gruppe von Menschen mit unterschiedlichen Werten und Spezialgebieten zu einem Team zusammenfindet."

Junnosuke Kawa, Yoshio Akioka und Itaru Kaneko. Dieses Foto machte ein Mitarbeiter, aber die Gründer fotografierten sich auch gerne gegenseitig, wie eine große Zahl erhaltener Aufnahmen beweist.

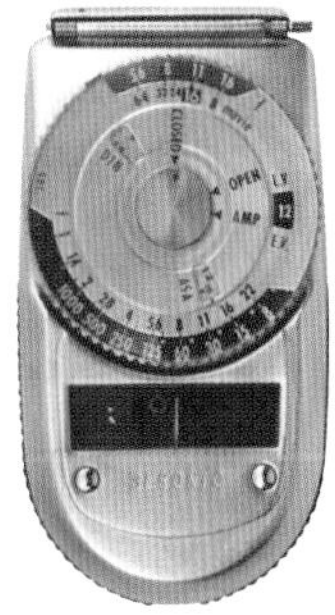

Oben: Der Sekonic Auto-Leader von SEIKO (Belichtungsmesser).

Links: Das Tor zum Büro der KAK-Gruppe in Akiokas Haus im Stadtteil Meguro, Tokio.

DREI HERAUSRAGENDE DESIGNER

Der als Anführer der Gruppe geltende Yoshio Akioka (1920–1997) beschäftigte sich mit dem Illustrieren und Binden vieler Bilder- und Lehrbücher und verfügte außerdem über ein ausgeprägtes Gespür für Mechanik und Patente. Nach seiner Zeit in der KAK-Gruppe war Akioka weithin bekannt für seine Arbeit in der Mono-ha-Bewegung und in der Gemeindeindustrieplanung sowie seine Fernsehauftritte.

Itaru Kaneko (1920–2013) war Herausgeber der Zeitschrift „Craft News" (Neues aus dem Handwerk) des Zentrums für Handwerksförderung innerhalb des Handels- und Industrieministeriums. Er entwarf das JIS-Markenzeichen des japanischen Industriestandards und lehrte viele Jahre lang an der Kuwasawa-Designhochschule. Zudem war Kaneko erfahren in Auslandsangelegenheiten und auf filigrane Designarbeit spezialisiert.

Junnosuke Kawa (1919–2013), Absolvent der Fakultät für Design an der renommierten Universität der Künste Tokio, arbeitete im Ryumura-Institut für Textilkunst und im Iwanami-Verlag. Der Meister fortschrittlicher Zeichenkunst war insbesondere mit dem Aufbau von Schiffen und Flugzeugen vertraut.

Als Studio beschränkten sich die drei Designer nicht auf das Industriedesign. Kaneko veröffentlichte unter dem Titel „Der Sonntagstischler" eine Reihe von Artikeln in der Sonntagsausgabe der Mainichi Shimbun und dann 1953 zusammen mit den anderen KAK-Mitgliedern Geniale Ideen für „Selbstbau-Holzmöbel" mit Bauplänen, die vom Stil westlicher Bücher für das Schneiderhandwerk inspiriert waren. Im darauffolgenden Jahr verfasste das Trio eine Artikelserie mit Titeln wie „Einfaches Heimwerken" und „Neue Lebensweisen" für die Frauenausgabe der Zeitung Asahi Shimbun. Außerdem hielten sie Vorträge zum Thema Heimwerken für die NHK-Radiosendung „Das Frauenklassenzimmer" und beteiligten sich 18 Monate lang am NHK-Fernsehprogramm für Heimwerker. Alle drei Designer waren äußerst begabte Handwerker, lehrten jedoch aus der Perspektive eines Anfängers.

VIELFÄLTIGES INDUSTRIEDESIGN

Die KAK-Gruppe war vorwiegend im Industriedesign tätig und deckte dabei eine große Bandbreite an Produktgattungen ab. Alle ihre Designs waren mutig, filigran und geschmackvoll. Sie entsprachen voll und ganz dem japanischen Schönheitsempfinden, während sie zugleich die Vorzüge ausländischer Erzeugnisse im Blick hatten. Miteinander erreichte die KAK-Gruppe Ergebnisse, bei denen jeder sein Know-how so umfassend wie möglich einbrachte. Verglichen mit anderen Industriedesignern derselben Epoche (etwa mit Kenji Ekuan und Sori Yanagi von GK Industrial Design Associates) bringen die Entwürfe der KAK-Gruppe immer auch die individuellen Persönlichkeiten der Gestalter zutage.

Die Formgebung der Radiogehäuse von Chryslers Tochtergesellschaft Sato Denki Sangyo, der insbesondere Akiokas Arbeiten gefielen, reichte von der Gehäusegestaltung und der Anordnung der

Links: *Das Lilac AS71-Moped von Marusho.*

Unten: *Die Minolta V2 von Chiyoda.*

Vakuumröhren bis hin zur gesamten Corporate Identity. Dazu gehörten auch das Firmenlogo und die Vereinheitlichung der Schriftzüge sowie die Gestaltung des Bedienungshandbuchs. Das Design des Belichtungsmessers von Sekonic (siehe Foto), das die KAK-Gruppe überregional bekannt machte, war die Quintessenz der Arbeit dreier Kameraenthusiasten. Sie reformierten erfolgreich das Design, wie etwa mit dem Druckverfahren auf eloxiertem Aluminium, das sie gemeinsam mit Corona Industries entwickelten. Im Jahr 1959 erhielt die KAK-Design-Gruppe den von der Zeitschrift Mainichi Shimbun gesponserten Mainichi Industriedesignpreis. Obgleich die KAK-Gruppe große Unternehmen wie NEC und Toshiba zu ihren Kunden zählte, sprach ihre Strategie insbesondere, kleinere und mittlere Firmen an. Der King-Entwickler-Tank von Asanuma Shokai, aus einem neuen Material namens Plastik, der Plattenspieler von Chuo Denki, das Minico-Schichtdickenmessgerät von Denshoku Kogyo und der Gasofen von Gree Kogyo gehörten zu den zahlreichen erfolgreichen Designs für kleinere Unternehmen. Die vielen Entwürfe der KAK-Gruppe für Kameras von Minolta, wie zum Beispiel für die einmalige V2-Spiegelreflexkamera mit festverbautem Objektiv, unterstrichen hingegen den typischen hohen Anspruch der Designer an die Funktionalität. Von den KAK-Entwürfen für die Motorräder des Herstellers Marusho – etwa für das New Baby Lilac DP90 und das Lilac Moped AS71 – waren die Kunden begeistert. Das Konzept für die Kleidung der Marusho-Fabrikarbeiter von Yoko Kuwasawa, Gründerin zweier Designhochschulen und enge KAK-Freundin, war Ausdruck ihrer kreativen Kooperation. Andere Beispiele für die Arbeiten der KAK-Gruppe sind die noch immer beliebten Uni-Bleistifte von Mitsubishi (siehe Seite 11), die Innen- und Außengestaltung des vom Hitachi-Konzern gebauten Asakaze („Blauer Zug"), die Transistorradios von NEC, Mixer und Waschmaschinen von Matsushita (heute Panasonic), Stereokomponenten von Trio (heute JVC Kenwood) sowie Taschen-Notizbücher produziert vom Takeo-Papierhändler in Zusammenarbeit mit der KAK-Gruppe und veröffentlicht von Maruman – in einer Koproduktion mit Hiroshi Hara, dem namhaften Gründer des Nippon-Designzentrums.

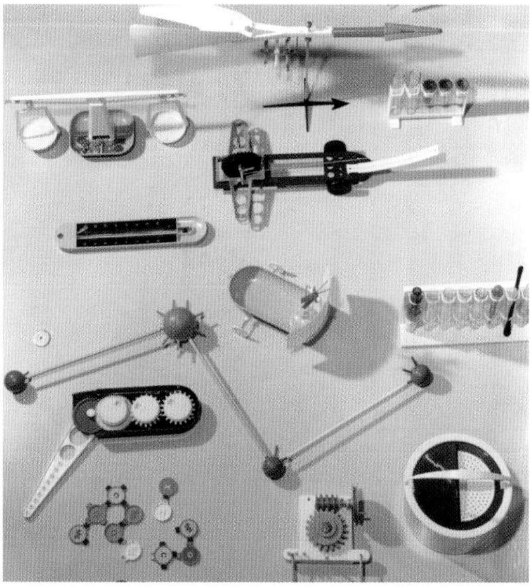

Materialien für die Zeitschrift Wissenschaft und Wissen, *die bei Gakken Kenkyusha erschien.*

Kawa, Akioka und Kaneko (von vorne nach hinten) besprechen die Gestaltung der Minolta V2, indem sie aus verschiedenen Blickwinkeln aufgenommene Fotos arrangieren. Die ursprünglich für Minolta-Produkte verwendete serifenlose Schrift ist an der Rückwand zu sehen.

Die KAK-Designgruppe erarbeitete außerdem für die von Gakken Kenkyusha veröffentlichten Magazine – „Gakken no Furoku" – Lehrmaterial für Kinder. Zu ihren besten Zeiten hatten Zeitschriften wie „Wissenschaft" und „Wissen" eine Gesamtauflage von 6,7 Millionen Exemplaren und waren aufgrund ihrer Aktualität ein soziales Phänomen. Neue Materialien wie Plastik und die mithilfe von Industriedesign erreichbare Perfektion faszinierten die Kinder damals enorm.

REBELLISCHER GEIST

Die Prämisse des KAK-Studios lautete: „Wir sollten uns Japan zuliebe mit Industriedesign beschäftigen, damit die Imitation ausländischer Produkte nicht völlig aus dem Ruder läuft!" In der Dunkelkammer des Büros in einem Anbau von Akiokas Haus wurden Fotos der Designs entwickelt, gedruckt und anschließend in ein Album für Erstentwürfe geklebt.

Beim Durchblättern dieser Alben sieht man heute, dass Aktivitäten wie Kalligraphie, Schnitzen und Kochen, die nicht direkt etwas mit Industriedesign zu tun haben, ebenfalls aktiv und täglich stattfanden. Junge Mitarbeiter, die mitunter gerade erst ihren Abschluss in der Tasche hatten, behandelten die drei KAK-Inhaber – ‚damals alle in ihren Dreißigern – auf Augenhöhe. Dies und die gemeinsamen Aktionen erzeugten im KAK-Studio eine familiäre Atmosphäre.

Die Werke der KAK-Designer warfen viele wichtige Fragen auf, etwa zu der Stellung freiberuflicher Designer, den Geschäftsmodellen von Designstudios und der Arbeitsteilung bei der Gestaltung oder dazu, wie man kleine und mittlere Unternehmen durch Produktdesign fördern könnte und wie zeitbasierte Honorarsysteme Designprozesse mit vielen handwerklichen Anforderungen abdecken und gleichzeitig Kriterien für die Festlegung und Systematisierung von Designhonoraren liefern könnte. Auf der Suche nach Lösungen für diese teilweise auch heute noch aktuellen Themen ging die KAK-Designgruppe über den Ansatz „Trial and Error" vor.

Wenn ich ein von der KAK-Gruppe entworfenes Produkt in den Händen halte, spüre ich das Wertesystem, auf dem der Herstellungsprozess beruht, und den aufrichtigen Wunsch der Designer, die Bedürfnisse der Nutzer zu erfüllen. Die Entwürfe sind zeitlos. Die drei Gründungsmitglieder arbeiteten gerade einmal fünfzehn Jahre zusammen, bis 1968. Ihr gewaltiges Werk ist jedoch bis heute sehenswert. Ich meine, es ist wichtig, die Bedeutung ihrer Aktivitäten weiterhin zu erforschen, ohne sie überzubewerten. Am besten kann man ihre Designphilosophie erfassen, indem man die in ihrem Buch präsentierten Möbel nachbaut.

Shintaro Usui
(Buchdesigner)

BEIDSEITIG GEZAHNTE SÄGE (RYOBA)

Die Ryoba-Säge verfügt sowohl über eine Dreiecks- als auch eine Trapezverzahnung. Sie gehört zu den zentralen Werkzeuge in diesem Buch. Vor allem das Zugprinzip, aber auch die Blattstärke verhindern ein Verbiegen des Blatts. Für lange Schnitte eignet sich eine Säge mit langem Blatt. Wir raten zu Sägen mit Blättern, die man rasch auswechseln kann, wenn sie stumpf geworden sind.

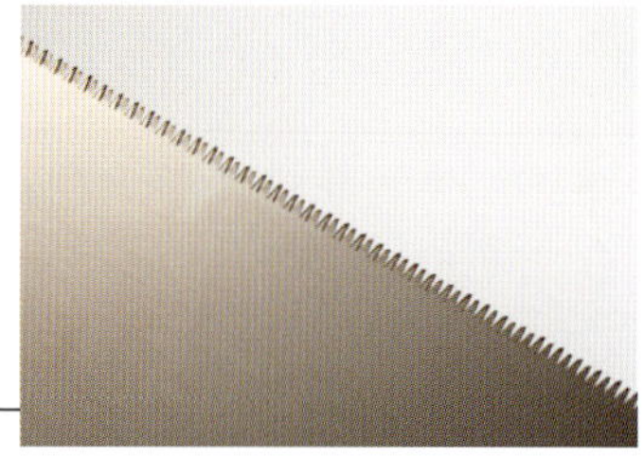

Trapezverzahnung
Mit dieser Blattseite kann man quer zur Holzfaser schneiden. Die Zähne sind geschärft wie kleine Messer und selbstreinigend. Die Zahnzwischenräume reichen aus für kleinere Holzfasern.

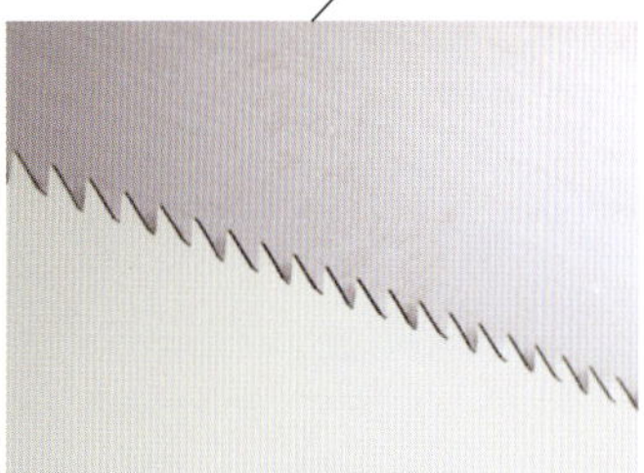

Dreiecksverzahnung
Mit dieser Blattseite kann man mit der Holzfaser sägen. Die Zähne sind geschärft wie kleine Beitel und wegen der großen Zahnzwischenräume auch bei längeren Holzfasern selbstreinigend.

FEINSÄGE

Eine ungeschränkte Säge mit sehr dünnem, biegsamem Blatt für bündiges, gratfreies Absägen und Feinarbeit. Wird auch für Zinkenverbindungen eingesetzt. Kommt in diesem Buch auf Seite 122 zur Anwendung.

Geschränktes Sägeblatt
Für eine möglichst hohe Schnittleistung einer Säge muss die Reibung gering und der Abtransport der Späne effektiv sein. Erreicht wird dies, indem die Zähne des Sägeblatts in einem bestimmten Winkel abwechselnd nach links und rechts gebogen, also gegeneinander verschränkt werden.

RÜCKENSÄGE MIT ABGERUNDETER BLATTSPITZE (AZEBIKI)

Eine einseitig gezahnte, dafür aber rückenverstärkte Säge. Das dünne, gering geschränkte Blatt gestattet saubere gerade Schnitte. Zu verwenden bei langen Schnitten entlang einer Linie.

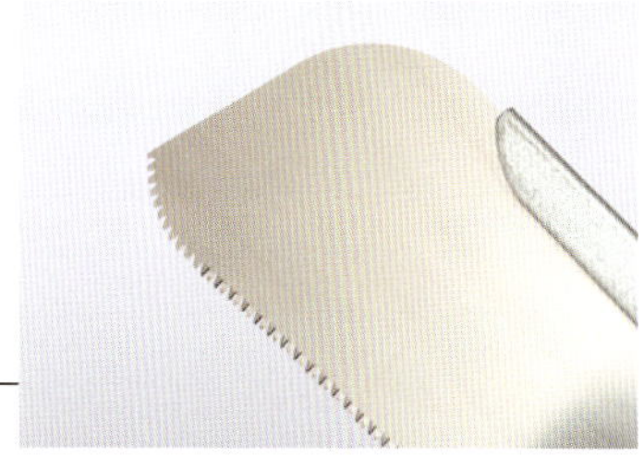

Azebiki-Spitze
Das Blatt hat nach vorne einen abgerundeten Zahnspitzenverlauf. Mit einer solchen Säge sind Einstiche auch in der Brettmitte möglich. (Sie wird auf Seite 60 verwendet.)

STICHSÄGE

Eine Säge für Loch- und Kurvenschnitte. Die lange schlanke Blattform gestattet präzises Arbeiten bei beengten Platzverhältnissen. Das Blatt ist dünn genug, um einen gebogenen Schnittverlauf zu ermöglichen. Das Sägen muss lotrecht zum Werkstoff erfolgen. Siehe Seite 174.

HAMMER

Wird im Wesentlichen verwendet, um Nägel einzuschlagen und Stemmeisen zu treiben. Die Schlagfläche sollte ausreichend groß sein, aber der Hammer nicht zu schwer.

STEMMEISEN

Geeignet, um Nuten, meist schlagend mithilfe eines Hammers, auszustemmen und Kanten abzustechen. Hier meist nur für den Holzabtrag verwendet. Drei Blattbreiten reichen aus: 9 mm, 15 mm und 24 mm.

HANDHOBEL

Zum dünnen Abspanen von Oberflächen. Das Eisen sollte nur ca. 0,07 mm herausragen, um möglichst wenig Material abzutragen. Für Anfänger eignen sich Hobel mit einfach auswechselbaren Klingen am besten.

ANSCHLAGWINKEL

Ein Anschlagwinkel hat zwei Schenkel: ein kürzeres Kopfstück und eine längere Zunge. Das Kopfstück kann mit dem Anschlag an das Werkstück angelegt werden, um einen exakten rechten Winkel anzureißen oder bereits ausgeführte Arbeiten zu prüfen.

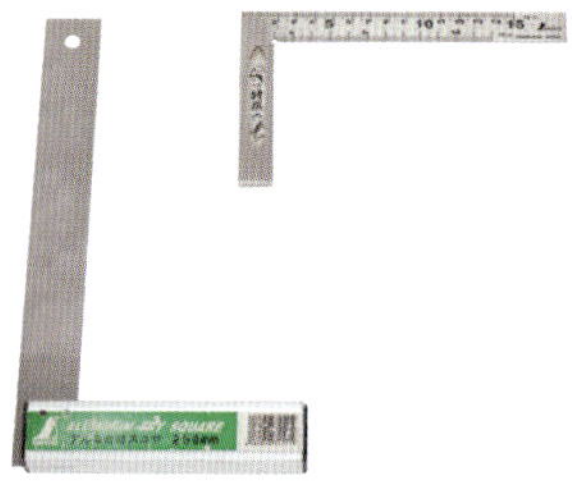

SCHMIEGE

Die Schmiege oder das Schrägmaß ist ein verstellbarer Winkel aus geschlitztem Schenkel, justierbarer Zunge und Feststellschraube. Mit der Schmiege kann ein Winkel abgenommen und auf ein Werkstück übertragen werden. In unserem Buch ist die Schmiege ein unverzichtbares Werkzeug.

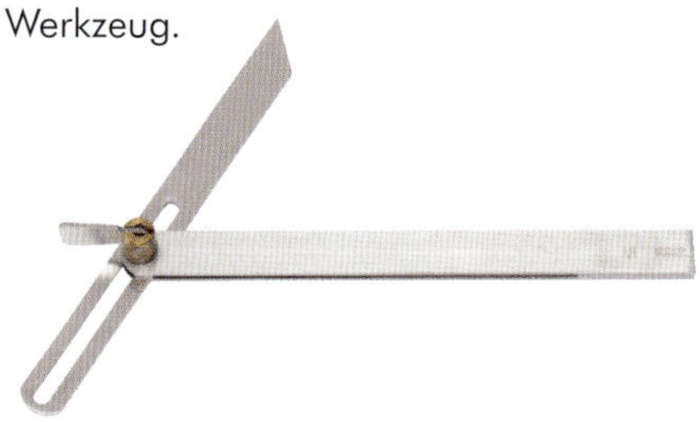

LINEAL

Ein Lineal oder Stahlmaßstab von 150 mm oder 300 mm ist ausreichend.

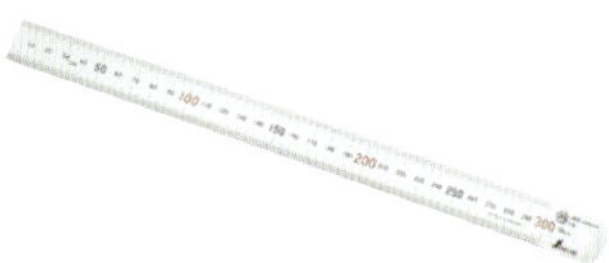

ZIMMERMANNSWINKEL

Zum Messen von Längen und dem rechtwinkligen Anreißen von Werkstücken. Beide Schenkel sind gleich dick. Nützlich beim Anzeichnen langer senkrechter Linien parallel zur Längskante.

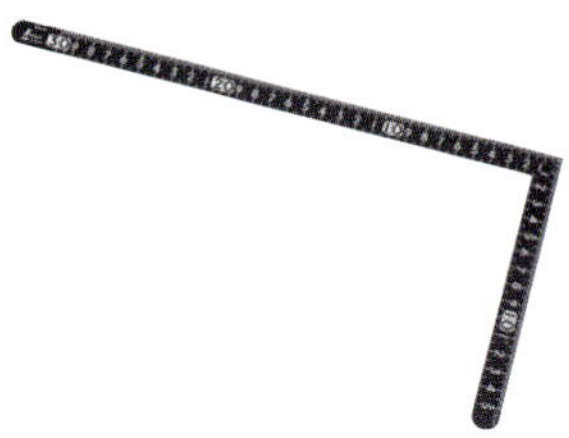

ROLLBANDMASS

Wird verwendet, um große Längen abzunehmen. Wir empfehlen ein breites Bandmaß, das sich nicht so leicht verdreht oder verbiegt. Es sollte mindestens 2 m lang sein.

ZWINGEN

Zwingen fixieren Material oder Vorrichtungen auf einer Werkbank. Sie dienen auch zum temporären Zusammenpressen von Werkstoffen, etwa beim Verleimen. Ideal ist es, wenn man über ein Sortiment von jeweils zwei Zwingen unterschiedlicher Längen verfügt.

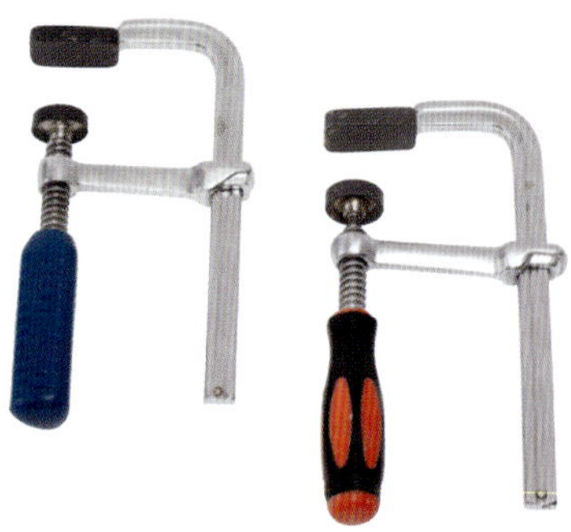

SCHLEIFPAPIER

Zum Glätten von Oberflächen und Brechen von Kanten. Hilfreich ist ein Schleifklotz, um den das Papier gewickelt werden kann. Ein Vorrat mit verschiedenen Körnungen zwischen 200–400 ist empfehlenswert.

AKKUSCHRAUBER

Mit diesem Gerät kann man sowohl bohren als auch schrauben. Wünschenswert ist ein einstellbares maximales Drehmoment, mit dem die Einschraubtiefe gewählt und eine Beschädigung des Schraubenkopfs verhindert werden kann.

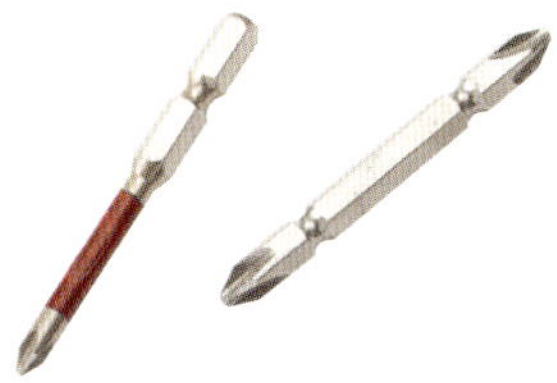

Bits
Für das Eindrehen von Schrauben in einen Werkstoff. Es gibt unterschiedliche Ausführungen und Größen. Für dieses Buch sind Bits für Kreuzschlitzschrauben der Größe +1 und +2 ausreichend.

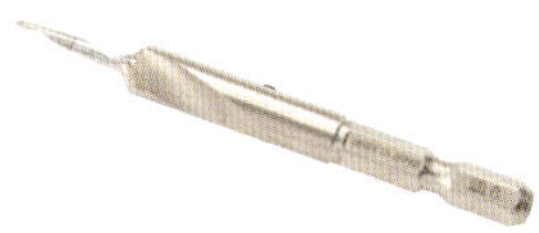

Versenkbohrer
Er erspart den Wechsel zwischen Bohrer und Senker und ermöglicht das Versenken des Schraubenkopfs. Die Senktiefe ist bei manchen dieser auch Pilotbohrer genannten Werkzeuge einstellbar.

Vorbohrer
Ein langer konischer Bohrer zum Vorbohren von Löchern. Das vorgebohrte Loch sollte einen geringeren Durchmesser haben als der Schraubenschaft. So erhöht sich die Zugfestigkeit und Ausreißen wird vermieden.

Schlangenbohrer
Zimmermannswerkzeug für das Bohren präziser tiefer Löcher mit ausrissfreien Schnittkanten. Erhältlich in verschiedenen Durchmessern. Sie kommen in diesem Buch auf Seite 122 zum Einsatz.

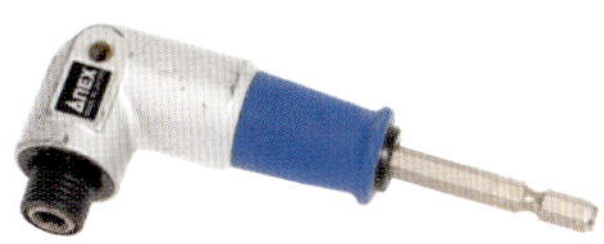

Winkelbohrkopf
Ermöglicht das Bohren in Ecken und unter räumlich beengten Bedingungen. Es wird in diesem Buch auf Seite 67 verwendet.

ELEKTRISCHE SCHLEIFMASCHINE

Davon gibt es zahlreiche Ausführungen. Inzwischen werden Schleifmittel mit Klettverschluss befestigt und man kann sie leichter auswechseln. Mit elektrischen Schleifgeräten lassen sich große Flächen effizient bearbeiten.

MESSINGNÄGEL

Rostfreie dekorative Nägel für die Befestigung von Tischplatten und Sitzflächen. Als Anker- oder Gewindenägel erhöht sich der Auszugswiderstand, doch sie einzuschlagen bedarf auch größerer Kraft.

SCHRAUBEN

Sie werden genutzt, um zwei hölzerne Bauteile aneinander zu befestigen. Die Schraube sollte mindestens zweimal so lang sein wie die Stärke des befestigten Materials.

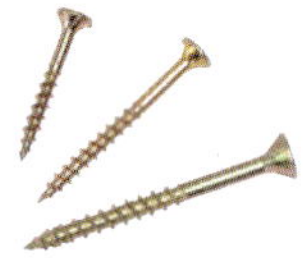

WELLENNÄGEL

Mit ihnen lassen sich zwei Bauteile einfach, schnell und sauber miteinander verbinden. Sie werden ins Hirnholz eingetrieben, um zwei Bretter zusammenzufügen.

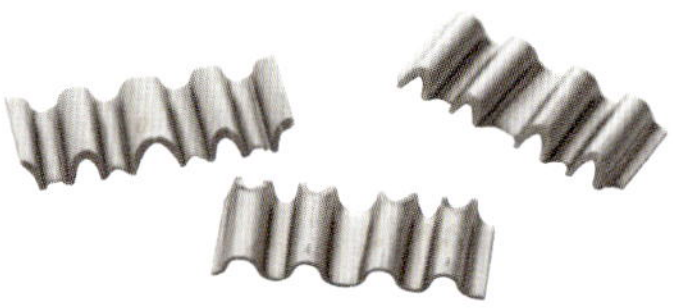

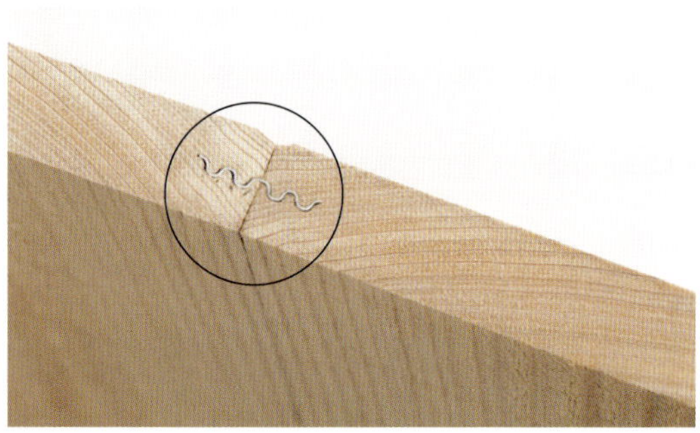

Ansicht eines als Verbinder ins Hirnholz zweier Bretter eingeschlagener Wellennagels.

HOLZLEIM

Kleber speziell für Holzverbindungen. Kann auch genutzt werden, um Schrauben und Holzverbindungen zu verstärken.

CUTTER

Für das Ziehen sehr feiner Linien ist ein Cutter besser geeignet als ein Bleistift. Weil er vorritzt, verhindert er außerdem bei der Arbeit mit dem Stemmeisen unschöne Dellen im Holz. Cutter ermöglichen allgemein ein besseres Finish.

OBERFLÄCHENBEHANDLUNG

Anstriche dienen nicht nur der Verschönerung, indem sie Glanz hinzufügen oder die Farbe verändern. Vor allem sollen sie Wasserschäden, Verfärbung und Verwitterung verhindern. Zwar kann man sich an der natürlichen Beschaffenheit und Alterung einer unbehandelten Holzoberfläche erfreuen, doch ein Anstrich erhöht die Lebensdauer. Wählen Sie also eine Farbe, die den gewünschten Zweck erfüllt und ein schönes Finish verspricht.

PU-LACKE

Bilden eine robuste Schicht, die gegen Verwitterung schützt. Wasser- und schmutzabweisend, ebenso wie Lasuren.

HOLZBEIZEN

Dringen tief in das Holz ein. Bei ihnen geht es überwiegend um den Holzfarbton. Manche imprägnieren und schützen zusätzlich.

AUSSENFARBEN

Bieten Wetterschutz und erhalten das Holz. Sie eignen sich für Gartenmöbel.

DECKENDE FARBEN

Für satte nicht-transparente Farbanstriche.

NATÜRLICHER HOLZSCHUTZ

Dazu gehören Kaki-Tannin, Leinöl und Perillaöl. Sie stellen kein Gesundheitsrisiko dar, verhindern Fleckenbildung und erhalten das Holz.

HOLZ EINKAUFEN

Für alle in diesem Buch beschriebenen Möbel wurden Materialien eingesetzt, die in Baumärkten und bei Holzhändlern erhältlich sind. In Japan wird vorzugsweise Sugiholz verarbeitet. Europäische Alternativen sind Lärche, Kiefer und Fichte/Tanne (s. S. 7). Stärken und Breiten sind überwiegend standardisiert. Sobald Sie sich für ein Möbelstück entschieden haben, rechnen Sie aus, welche verschiedenen Arten von Brettern Sie in welchen Längen benötigen. Manche der im Buch verwendeten Bretter sind über 2 m lang. Gehen Sie deshalb in einen Baumarkt mit Holzzuschnitt und lassen Sie dort das Holz zuschneiden. Das erleichtert Ihnen den Transport und die Weiterverarbeitung.

Finden Sie zunächst heraus, welche standardisierten Maße und Längen im Baumarkt Ihrer Wahl erhältlich sind. Holz ist ein Naturprodukt, seien Sie also darauf gefasst, dass die im Geschäft angebotenen Bretter verzogen sein können. Wählen Sie sorgfältig die geradesten und saubersten Holzzuschnitte aus.

Idealerweise bietet Ihr Holzlieferant einen Zuschnittservice an, der – vielleicht gegen eine Gebühr – Ihre Bretter nach Wunsch einkürzt. Wenn Sie die von Ihnen gewünschten Maße bereits im Vorfeld aufschreiben, wird alles glatt über die Bühne gehen.

SÄGETECHNIK

GRUNDLAGEN DES SÄGENS

Achten Sie beim Sägen immer darauf, dass das Werkstück gut eingespannt ist, und arbeiten Sie mit dem ganzen Arm. Sobald Sie gelernt haben, gerade zu sägen, können Sie Bauteile rasch und genau zuschneiden.

1 Überprüfen Sie, ob die Säge rechtwinklig auf dem Holz steht. Augen, Hand und Werkstück müssen sich in einer lotrechten Linie befinden.

2 Ihre Nase sollte sich senkrecht über der Säge direkt über dem gezogenen Strich befinden.

3 Beugen Sie sich leicht vor. Ihr Arm muss sich gerade vor und zurück bewegen können.

4 Eine Werkbank hat dann die richtige Höhe, wenn Sie Ihren abgewinkelten Arm frei und entspannt bewegen können.

5 Bewegen Sie den ganzen Arm. Sorgen Sie dafür, dass sich Schulter, Ellbogen und Hand in einer Linie befinden, damit Sie gerade sägen.

6 Achten Sie darauf, dass Ihre Hand so entspannt wie möglich ist. Halten Sie den Sägengriff mit dem kleinen Finger und nutzen Sie die übrigen Finger nur als Unterstützung.

7 Befestigen Sie das Material mit Schraubzwingen oder anders an der Werkbank.

TIPPS ZUM ZUSCHNEIDEN

Positionieren Sie mithilfe Ihres linken Daumens das Sägeblatt entlang der gezogenen Markierung und berücksichtigen Sie dabei seine Stärke. Halten Sie die Säge in einem flachen Winkel und führen Sie sie mehrmals leicht entlang der angerissenen Linie, um eine kontrollierte Trennfuge anzulegen.

Die Schnittleistung der Zugsäge ist höher, wenn Sie sie zu sich heranziehen. Sägen Sie in einem Winkel von etwa 30 Grad und nutzen Sie die gesamte Blattlänge. Falls Ihnen das Sägen schwerfällt, erhöhen oder verringern Sie Ihren Sägewinkel und arbeiten Sie weiter.

TIPPS ZUM NUTEN

Beginnen Sie mit einem sehr flachen Winkel im Hirnholz des Brettes und senken Sie die Säge immer weiter ab, bis Sie auf der gekennzeichneten Linie parallel zum Hirnholz schneiden (Foto). Kontrollieren Sie regelmäßig die Vorder- und Rückseite des Werkstücks, damit Sie oben und unten an der angerissenen Linie entlangsägen.

DAS ANREISSEN

Einer der wichtigsten Schritte des Sägeprozesses ist das saubere Anzeichnen von Schnittverläufen. Dabei entnehmen Sie den Bauplänen die Maße der Bauteile und übertragen Sie korrekt auf das Material. Zwei wesentliche Werkzeuge für diesen Vorgang sind der Anschlagwinkel und die Schmiege. Ihre fachgerechte Anwendung sorgt für höchste Genauigkeit und gute Arbeitsleistung.

DER GEBRAUCH DES ANSCHLAGWINKELS

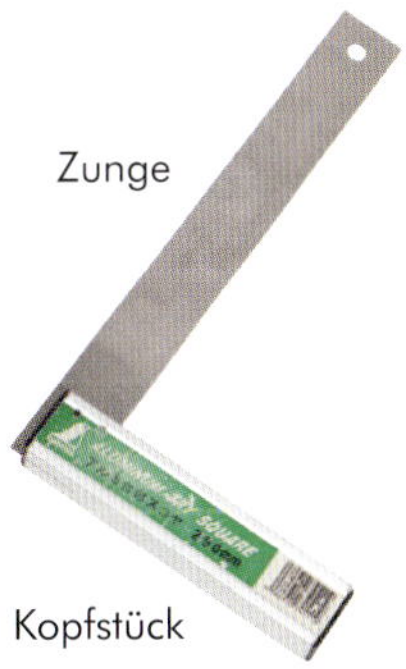

1 Legen Sie den Winkel so am Werkstück an, dass der Anschlag über die ganze Länge am Holz anliegt und die Zunge flach darübergreift.

2 Markieren Sie die Endpunkte mit einen Bleistift oder Cutter und ziehen Sie dann quer über das Holz von einer Kante zur anderen eine Linie durch die Markierungen.

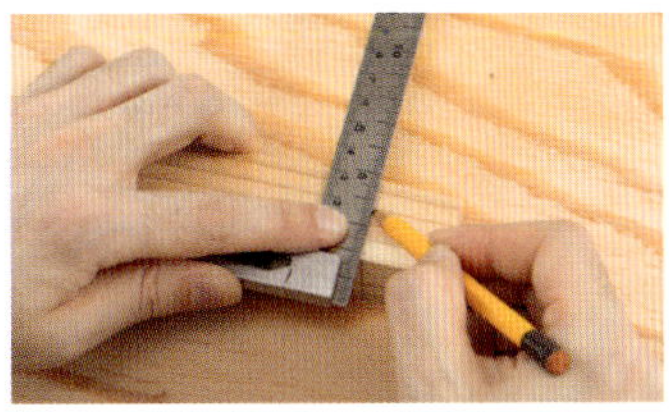

3 Drehen Sie das Werkstück um 90 Grad und setzen Sie die Linie anschließend auf der angrenzenden Fläche fort.

4 Reißen Sie nun die verbliebenen beiden Seiten an, indem Sie den ursprünglichen Riss nach der anderen Seite fortsetzen, bis er mit der zuerst gezogenen Linie zusammenläuft. So können Sie die Korrektheit Ihres Sägeschnitts auf allen vier Seiten prüfen.

DIE SCHMIEGE NUTZEN

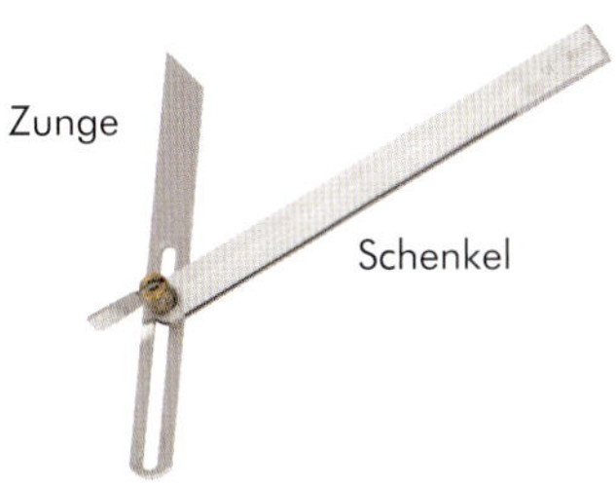

1 Lösen Sie die Feststellschraube und legen Sie die Schmiege so auf die Zeichnung, dass die beiden Schenkel an den gewünschten Linien anliegen. Ziehen Sie dann die Schraube fest.

2 Legen Sie den geschlitzten Schenkel an das Werkstück an, damit Sie den abgenommenen Winkel an der gewünschten Stelle mit Bleistift oder Cutter auf das Holz übertragen können.

3 Nutzen Sie die einmal eingestellte Schmiege, um den Winkel überall dort anzutragen, wo er erforderlich ist.

KÖRPERHALTUNG

Am wichtigsten beim Umgang mit dem Akkuschrauber ist es, den Druck senkrecht auf Bit und Bohrer zu übertragen. Wenn Sie gelernt haben, im richtigen Winkel Druck auszuüben, können Sie den Schrauber in verschiedenen Positionen professionell handhaben. Er ist ein sehr nützliches Werkzeug, investieren Sie also etwas Zeit, um ihn zu meistern.

1 Stehen Sie mit geradem Oberkörper aufrecht auf beiden Füßen, so dass Sie die Spitze des Bits im Schraubenkopf sehen können.

2 Spannen Sie Ihre Arm- und Bauchmuskeln an, um mehr Druck auszuüben.

3 Nutzen Sie den kleinen Finger, um den Griff zu umspannen, während Sie mit den anderen Fingern lediglich stützen. So arretieren Sie Handgelenk und Arm und setzen Ihre Kraft zielgerichteter ein.

4 Halten Sie den Schrauber vor Ihre Körpermitte.

5 Stellen Sie die Füße schulterbreit auf und achten Sie auf eine lockere Oberkörperhaltung.

6 Fixieren Sie das Material mit der Hand oder einer Schraubzwinge. Andernfalls kann das Werkstück rotieren und Verletzungen verursachen.

SCHRAUBEN GERADE EINDREHEN

Platzieren Sie die Schraube und achten Sie darauf, dass sie senkrecht über der Fläche steht, in die Sie sie eindrehen möchten. Gehen Sie ebenso vor, wenn Sie Löcher bohren wollen.

Um das Herausrutschen des Bits aus dem Schraubenkopf zu vermeiden, versteifen Sie Ihr Handgelenk und üben Druck nur in die Richtung aus, in die Sie schrauben.

ABKANTEN
Das Brechen der scharfen Kanten eines Werkstücks mit einem Hobel oder mit Schleifpapier.

ANREISSEN
Das Anzeichnen von Linien auf dem zu verarbeitenden Material sollte für größtmögliche Genauigkeit mit einem sehr spitzen Bleistift oder Cutter erfolgen.

BÜNDIGKEIT
Bündige Flächen liegen gleichmäßig aneinander an.

HILFSMITTEL
Umfassender Begriff für Geräte, die dazu beitragen, einen Arbeitsgang effizienter zu machen.

HIRNHOLZ
Das Schnittbild von Holz, wenn es im rechten Winkel zur Faser zerteilt wird.

INNENWINKEL
Der innere Teil einer Ecke, in der zwei Ebenen in einem bestimmten Winkel zusammentreffen.

KLOPFHOLZ
Um das Werkstück vor Beschädigung zu schützen, wird beim Hämmern ein Stück Holz daraufgelegt.

KREUZKAMM
Zwei sich kreuzende Hölzer werden so eingenutet, dass sie zur Hälfte ineinandergreifen und bündig zusammengefügt werden können.

KREUZVERBAND
Bauteile überkreuzen einander und bilden Diagonalen zwischen Pfosten, Beinen oder Ähnlichem.

LÄNGSSCHNITTE
Sägen parallel zur Holzfaser.

LAUFLEISTE
Holzleiste im Unterbereich einer Schublade, die den Lauf im Möbel ermöglichen.

QUERSCHNITTE
Sägen quer zur Holzfaser.

RAHMEN
Ein Satz von Bauteilen, die zusammengefügt den Aufbau unterstützen.

RUNDUMANRISS
Art des Anzeichnens einer Linie zuerst auf einer Seite eines Werkstücks mit anschließender Fortsetzung nach allen anderen Seiten.

SEITENTEIL
Eine Platte, die sich, wenn man ein Möbel von vorn betrachtet, an den Seiten befindet.

SPÄNE
Beim Schneiden von Material mit einer Säge oder anderem Werkzeug bleibt mehr oder weniger feines „Mehl" zurück.

SPERRHOLZ
Plattenwerkstoff, hergestellt mittels abwechselnd in Kreuzlagen verleimten Holztafeln.

STEG
Ein Element, das zwei Beine eines Möbels horizontal miteinander verbindet.

STEIFIGKEIT
Eigenschaft eines Aufbaus oder Materials, der oder das nicht verbogen oder verdreht werden kann.

TRANSPONIEREN
Übertragen von Maßen oder Winkeln von einer Zeichnung oder aus anderen Quellen.

UNVERLEIMTER ZUSAMMENBAU
Das Zusammenbauen aller Teile ohne Leim, um die Passung der Verbindungen und die Positionierung der Elemente zu überprüfen.

VORGEBOHRTES LOCH
Sorgt dafür, dass Schrauben oder Nägel in der richtigen Position und im gewünschten Winkel ins Holz eindringen.

WINKELVERBAND
Konstruktiv bedeutende Bauweise, die horizontale und vertikale Elemente diagonal verbindet.

BAUTECHNISCHE BESCHREIBUNGEN

Der in diesem Buch präsentierte Möbelstil beinhaltet robuste Unikate aus Sicheltannenbrettern und Sperrholz. Diese Seiten zeigen das Grundkonzept an ausgewählten Beispielen.

V-BEINE

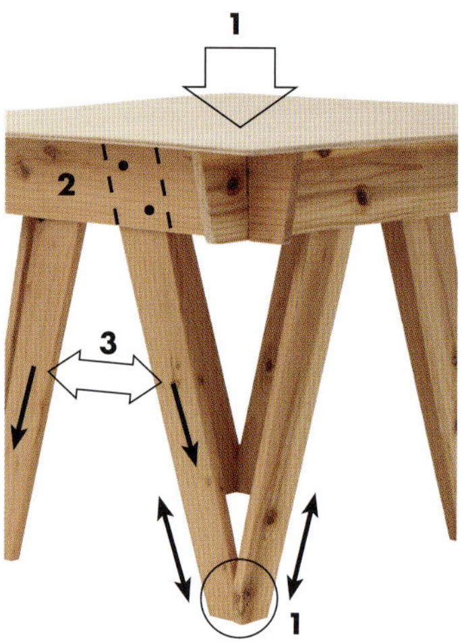

V-förmige Beine kommen zustande, wenn zwei benachbarte Beine diagonal nach unten zusammengeführt werden. Ein Bein aus zwei Streben zu vereinen, sorgt für eine effektive Kraftverteilung und zusätzliche Stabilität. Diese Bauweise ist besonders bei der Verwendung von dünnem Material sinnvoll und erinnert an die Fachwerkkonstruktion bei Häusern. In Japan wird nicht zwischen Zimmermann und Tischler unterschieden.

1 Die Last auf der Sitzfläche verteilt sich über zwei Bauteile nach unten und versteift das Beinende. Umgekehrt verteilt sich auch die Last und damit die Kraft auf jedem Beinende in zwei Richtungen nach oben.

2 Funktioniert am besten, wenn alle Bauteile fest mit dem Rahmen verbunden sind.

3 Die Winkel der Beine machen dieses Möbel resistent gegen Kippeln oder Vor- und Zurückschaukeln.

Anmerkung zur Größenanpassung
Indem man die Länge der beiden gegenüberliegenden Rahmenbauteile verändert, ohne so auch bei den V-Beinen vorzugehen, kann man das Möbelstück in jeder Größe herstellen. Sollten die Rahmenhölzer eine Länge von 450 mm überschreiten, ist es ratsam, in der Mitte der Sitzfläche eine Stützstrebe einzuziehen.

KREUZ- UND WINKELVERBAND

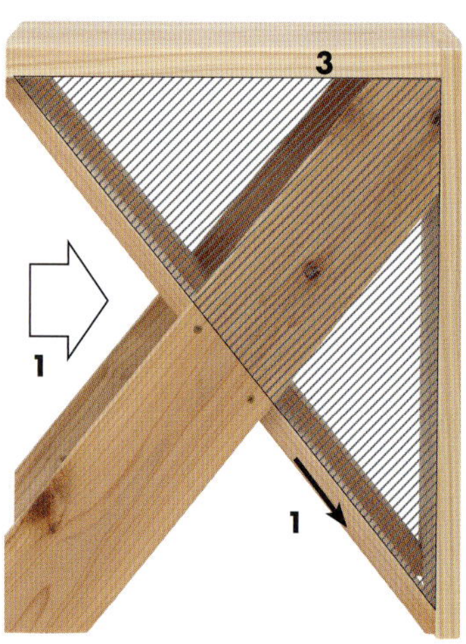

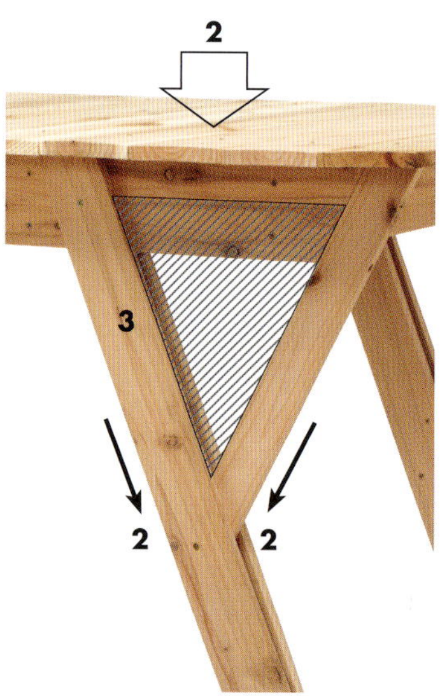

Der Kreuzverband besteht aus zwei einander diagonal kreuzenden Hölzern, die jeglicher Verformung vorbeugen. Bei einem Winkelverband sind Streben eine bautechnische Versteifung, die Lasten von zwei Seiten kommend auf das Bein übertragen.

1 Der Kreuzverband stemmt sich horizontalen Kräften entgegen und verteilt sie.

2 Der Winkelverband überträgt die Oberflächenlast effektiv aus zwei Richtungen auf die Beinenden.

3 Beide Verbände sorgen dafür, dass der Abstand zwischen horizontalen und vertikalen Bauteilen gleich bleibt und sie sich nicht verformen können.

KONSTRUKTION MIT KLEMM-BEINEN

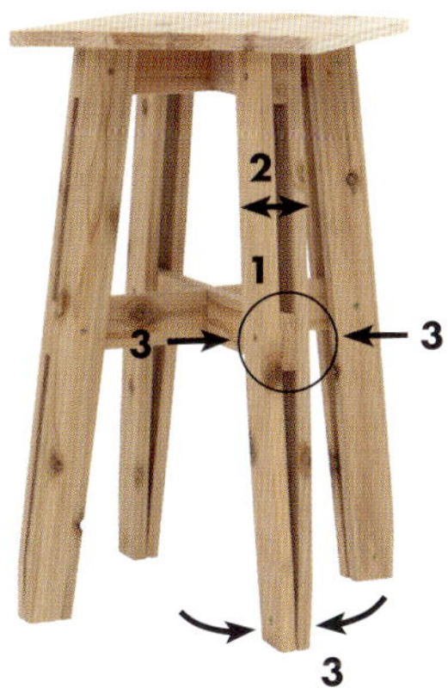

Bei diesem Bauprinzip werden Zargen und Stege zwischen zwei Brettern eingeklemmt und zusammengeschraubt. Die Konstruktion ist einfach und genauso robust wie eine genutete, allerdings ohne die Schwierigkeiten, die mit ihrem Bau einhergehen. Die unten verbundenen Fußenden klemmen die Elemente fest zusammen und bewirken eine stabile Struktur. Dieses spezielle Design funktioniert auch dann, wenn die Bretter für die Beine sehr dünn sind.

1 Einklemmen bewirkt ebenso viel Stabilität wie eine Verbindung aus Schlitz und Zapfen.

2 Tatsächlich sind die Beine ebenso dick wie drei Holzstücke, was ihre Kraft und Festigkeit verstärkt.

3 Durch das Zusammenschrauben der Beinenden wird Druck auf die eingeklemmten Zargen und Streben ausgeübt, was ihr Haltevermögen erhöht.

VERSTÄRKUNG

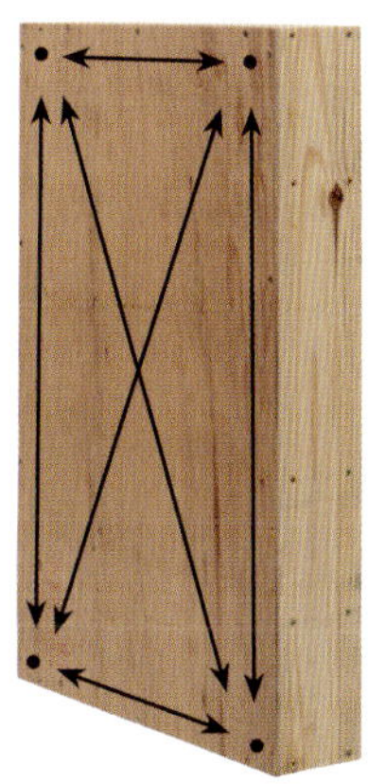

Wenn dünne oder schlanke Materialien ohne Diagonalen zusammengebaut werden, können sie sich aufgrund der Lateralkräfte diagonal verformen. Die Anbringung einer Sperrholzplatte minimiert solche Verformungen. Schwache Strukturen lassen sich auf einfache Weise verstärken und so stabilisieren.

EINGENUTETES BAUTEIL

Bei diesem Möbelstück wurde ein Bauteil bündig in die Struktur eingenutet. Eine Aussparung in der Stärke der Strebe einzuschneiden, mit der die Beine miteinander verbunden werden, macht die Struktur viel robuster als wenn die Strebe auf die übliche Weise nur stumpf aufgeschraubt würde.

01 STÜHLE

Stühle zu entwerfen, die sowohl bequem als auch sicher sind, kann eine Herausforderung sein. Deshalb ist es besonders befriedigend, wenn man eine solche Aufgabe gemeistert hat. In diesem Kapitel bieten wir Ihnen zehn individuelle Sitzmöbel zum Bau an – angefangen bei leicht zu verwirklichenden Projekten für Anfänger bis hin zu Bänken und Lehnstühlen für Fortgeschrittene und erfahrene Hobbytischler.

01 **Schemel mit Kreuzverband, Seite 32**

02 **Hocker mit Klemm-Beinen, Seite 38**

03 **Stuhl mit V-Beinen, Seite 44**

04 **Dreikant-Gartenstuhl, Seite 50**

05 **Sitzkasten, Seite 56**

(06) **Kinderstuhl mit Klemm-Beinen, Seite 62**

(07) **Gartenbank mit V-Beinen, Seite 68**

(08) **Stabile Verandabank, Seite 74**

(09) **Lehntuhl mit V-Beinen, Seite 80**

(10) **Niedriger Sperrholzstuhl, Seite 86**

01 SCHEMEL MIT KREUZVERBAND

ZEIT 1,5 Stunden
Level ●○○○○

Die Sitzhöhe dieses Schemels lässt sich verändern, indem man ihn um 90 Grad dreht. Aufrecht stehend hat er die ideale Höhe für einen Erwachsenen. Legt man ihn um, passt er für ein Kind. Außerdem ist das Objekt nicht nur ein Sitzmöbel, man kann es auf vielfache Weise verwenden. Neben einem Sofa übernimmt der Schemel die Aufgaben eines Beistelltischs. Nur zum Hocker, auf den man hinaufsteigen kann, taugt er nicht.

Das auffallendste Designelement ist die Anordnung der Beine im Kreuzverband. Sie dienen als seitliche Stütze und verhindern jegliches Umkippen. Außerdem wirken sie, obwohl sie ungleich sind, keinesfalls unharmonisch und repräsentieren somit eindrucksvoll die Designphilosophie der KAK-Gruppe. Da der Hocker aus nur wenigen Teilen besteht und einfach zu bauen ist, eignet er sich auch für Anfänger.

1
Mit seinem Kreuzpunkt in der Mitte des von den beiden Schenkeln umfassten Raums stützt der Kreuzverband das Möbel gegen die einwirkenden Kräfte von allen Seiten.

2
Die Sitzfläche ist 21 mm stark. Derart dicke und breite Bretter sind sehr biegesteif. Ein aus ihnen gebautes L-förmiges Gebilde verfügt über eine äußerst solide Struktur.

3
An den Rändern ist die Sitzfläche stark abgekantet. Dies gestattet bequemeres Sitzen und bewahrt zudem den Fußboden vor Dellen und Riefen, wenn der Schemel auf die andere Seite umgelegt wird.

Der Zwei-Höhen-Hocker aus dem Originalbuch.

BAUTEILE UND MATERIALIEN

S = Stärke
1 21 (S) x 240 x 310 mm: 1 Brett
2 21 (S) x 240 x 405 mm: 1 Brett
3 13 (S) x 90 x 520 mm: 2 Bretter
4 15 (S) x 45 x 520 mm: 2 Leisten
Auf die numerierten Teile oben wird sowohl in den Bauplänen als auch in den Anweisungen Bezug genommen.

WERKZEUGE

Ryoba-Säge, Zwingen, Lineal und Rollmaßband, Zimmermannswinkel, Anschlagwinkel und Schmiege, Akkuschrauber, Schrauben (50 mm, 35 mm, 25 mm), Handhobel, Schleifmaschine, Schleifpapier, Holzleim

GRÖSSE DER BAUTEILE

Maßstab: 1:10
Maßangaben in mm

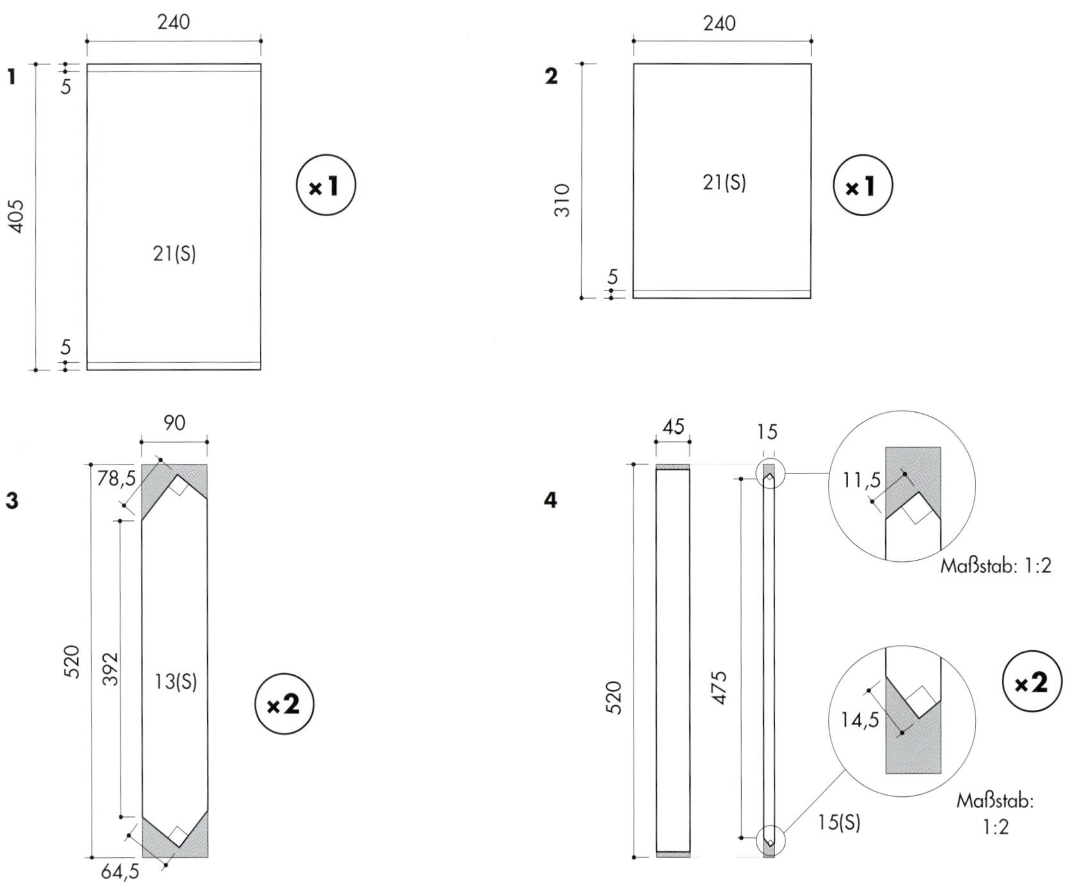

BAUPLAN

Maßstab: 1:5

Maßangaben in mm

- ● Von der Seite einschrauben
- ● Von hinten einschrauben
- ○ Messingnagel
- ► Schraubrichtung (gegebenenfalls angegeben)

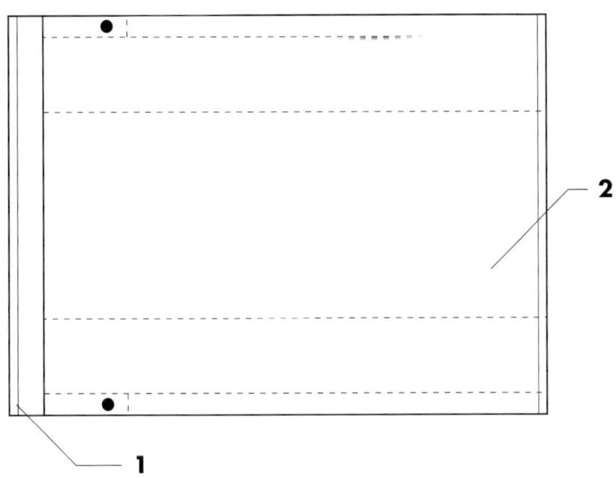

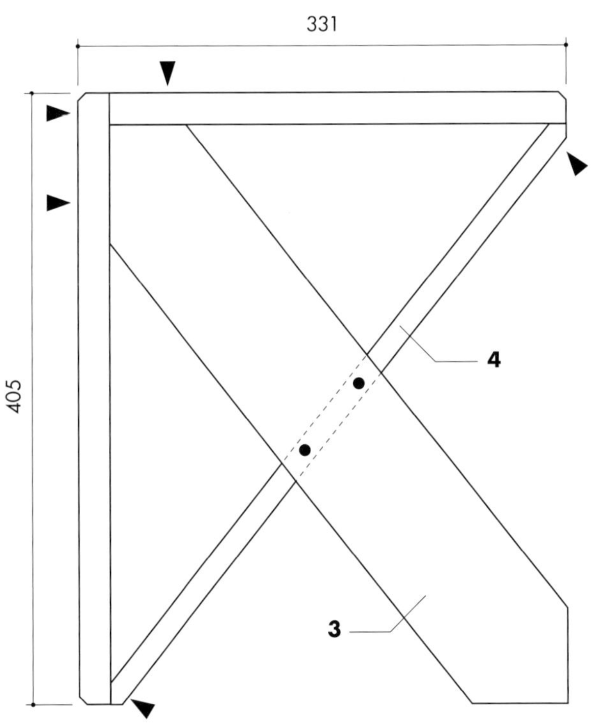

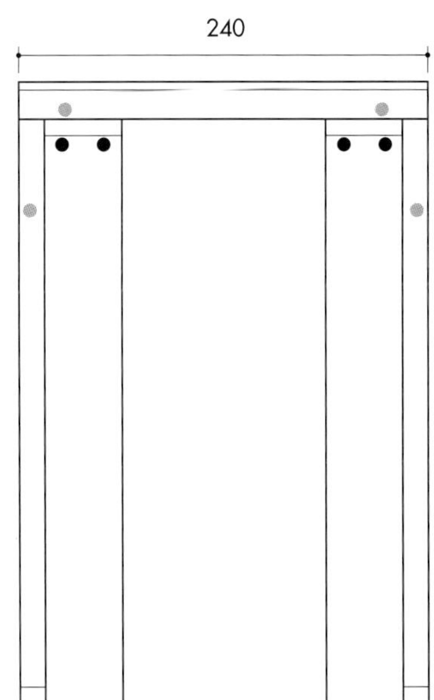

1 Verwenden Sie Anschlagwinkel und Schmiege, um Maße und Winkel zu übertragen und mit dem Bleistift anzuzeichnen. Dann schneiden Sie die Bauteile mit der Säge zu.

2 Für optimale Ergebnisse schneiden Sie die Bauteile bei Brettern über die breiten Flächen statt über die schmalen Kanten zu.

3 Das Zuschneiden schmaler Bauteile (**4**) erfordert ein hohes Maß an Feinabstimmung. Befestigen Sie das Werkstück mit einer Zwinge an der Werkbank. Stützen Sie das Sägeblatt mit Ihrem Daumen und sägen Sie kontrolliert und mit geringem Kraftaufwand.

4 Sobald Sie alle Bauteile fertig zugeschnitten haben, schleifen Sie die Flächen mit der Schleifmaschine und brechen die Kanten mit dem Handhobel. Hirnholzkanten können beim Hobeln leicht beschädigt werden, also ist es besser, sie vor dem Hobeln zu schleifen.

5 Stellen Sie die beiden dicken Platten der L-förmigen Sitzflächen (**1, 2**) auf eine ebene Fläche und verbinden Sie sie. Noch einfacher geht es mit vorgebohrten Löchern. (Schrauben: 50 mm)

6 Platzieren Sie die beiden Kreuzstreben (**3, 4**) an der L-förmigen Sitzfläche und schrauben Sie sie aneinander fest. Achten Sie darauf, dass die beiden Streben symmetrisch sind. (Schrauben: 35 mm)

7 Platzieren Sie die schmalere der Leisten (**4**) zwischen den beiden Sitzflächen und heften Sie sie zunächst auf jeder Seite mit einer Schraube an. Überprüfen Sie vor dem endgültigen Festschrauben, ob alle Winkel stimmen. (Schrauben: 25 mm)

8 Die breiteren Leisten (**3**) sollten, wie abgebildet, im Innenwinkel der Sitzflächen anliegen. (Schrauben: 25 mm)

9 Als Nächstes schrauben Sie die breiten Leisten von außen durch die Sitzflächen an. Die Leiste ist dünn. Bohren Sie deshalb vor, damit die Schrauben am Ende da sitzen, wo sie sein sollen. (Schrauben: 50 mm)

10 Kanten Sie mit einem Handhobel die Bereiche der Sitzflächen gründlich ab, die später mit dem Fußboden in Berührung kommen. Gleiches gilt für die Ecken der L-förmigen Sitzfläche.

11 Achten Sie beim Abkanten auf eine diagonale Hobelführung immer mit der Faser. Auf diese Weise verhindern Sie, dass das Holz an den Ecken unschön einreißt.

12 Stellen Sie den Schemel auf einen planen Untergrund und überprüfen Sie, ob er wackelt. Korrigieren Sie eventuell mit Schleifpapier oder mit der Säge.

02

HOCKER MIT KLEMM-BEINEN

ZEIT 3 Stunden
LEVEL ●●○○○

Weil dieser Hocker nur 1,2 kg wiegt, kann man ihn leicht von einem Zimmer ins nächste tragen. Mit 480 mm Höhe sitzt man etwas höher als sonst. Er ist ideal geeignet, um beim Kochen oder Arbeiten eine Pause einzulegen. In Kombination mit dem „Esstisch mit Doppel-Klemm-Beinen" (Seite 130) erhält man eine nützliche, platzsparende Sitzgruppe.

Die schmalen Beine wirken auf den ersten Blick etwas wackelig, aber dank der Kreuzkammverbindung der Stege, die den Beinen Halt geben, sitzt man absolut stabil. Das Einklemmen der Stege zwischen zwei dünnen Brettern schafft eine stärkere Verbindung als manche massive Bauweise. Um die Schlitze für die Kreuzkammverbindung auszuschneiden, wird ein Stemmeisen verwendet, doch der Vorgang ist nicht so schwierig, wie er aussieht.

1
Das mittlere Stegkreuz wird zwischen den beiden Beinbrettern eingeklemmt und mit Schrauben befestigt. Die Konstruktion wirkt einfach, ergibt jedoch eine äußerst stabile Verbindung.

2
Die Kreuzkammverbindung der Stege erhöht die Stabilität.

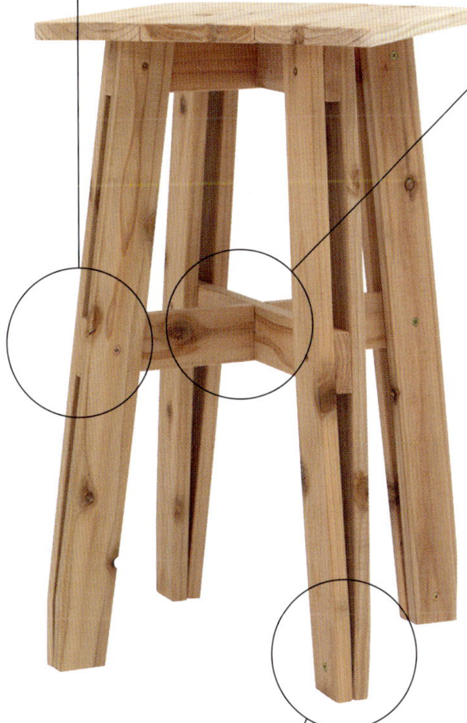

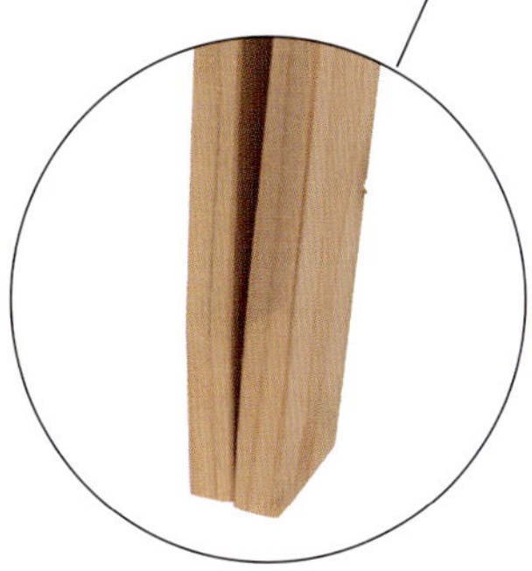

3
Durch das Zusammenschrauben der beiden Beinbretter wird zusätzlicher Druck auf die eingeklemmten Stege ausgeübt. So kommt eine noch stärkere Verbindung zustande.

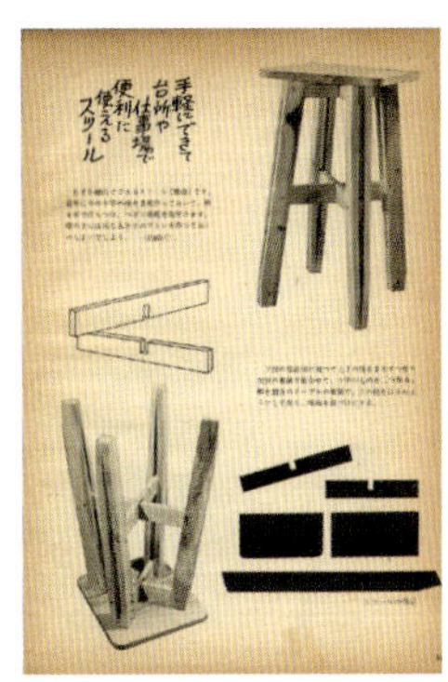

Leicht herzustellender, in der Küche und am Arbeitsplatz praktischer Hocker aus der ursprünglichen Veröffentlichung.

BAUTEILE UND MATERIALIEN

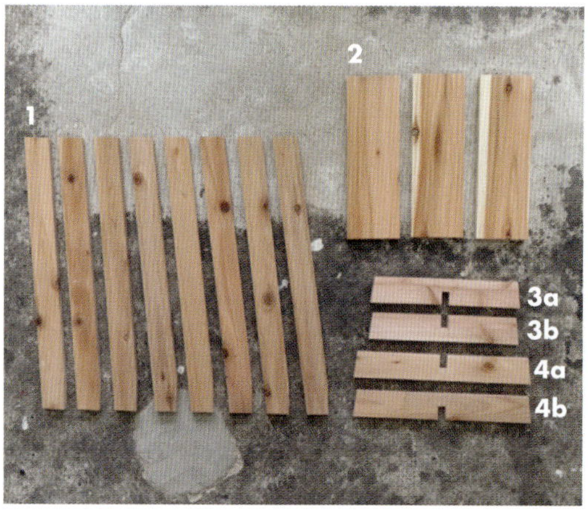

S = Stärke

1 13 (S) x 45 x 500 mm: 8 Leisten

2 13 (S) x 90 x 270 mm: 3 Bretter

3 13 (S) x 45 x 270 mm: 2 Leisten

4 13 (S) x 45 x 320 mm: 2 Leisten

Auf die numerierten Teile oben wird sowohl bei den Bauplänen als auch in den Anweisungen Bezug genommen.

WERKZEUGE

Ryoba-Säge, Hammer, Stemmeisen, Zwingen, Lineal und Rollmaßband, Zimmermannswinkel, Anschlagwinkel und Schmiege, Akkuschrauber, Schrauben (35 mm, 25 mm), Handhobel, Schleifmaschine, Schleifpapier, Holzleim

GRÖSSE DER BAUTEILE

Maßstab: 1:10

Maßangaben in mm

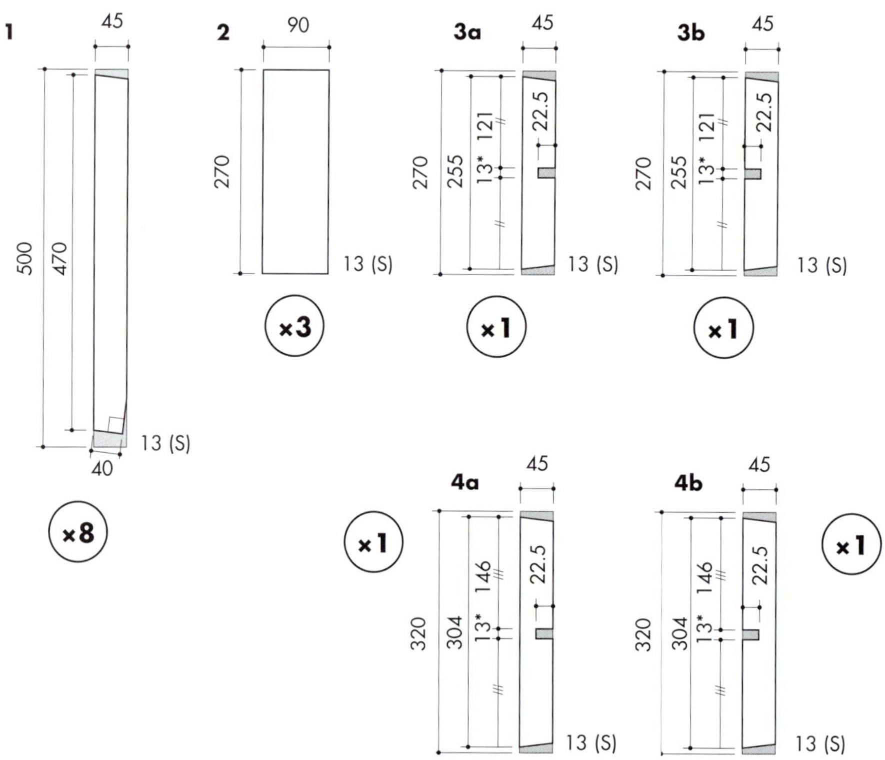

* Prüfen Sie die tatsächliche Breite jedes einzubauenden Teils.

BAUPLAN

Maßstab: 1:6

Maßangaben in mm

- ● Von der Seite einschrauben
- ● Von hinten einschrauben
- ○ Messingnagel
- ► Schraubrichtung (gegebenenfalls angegeben)

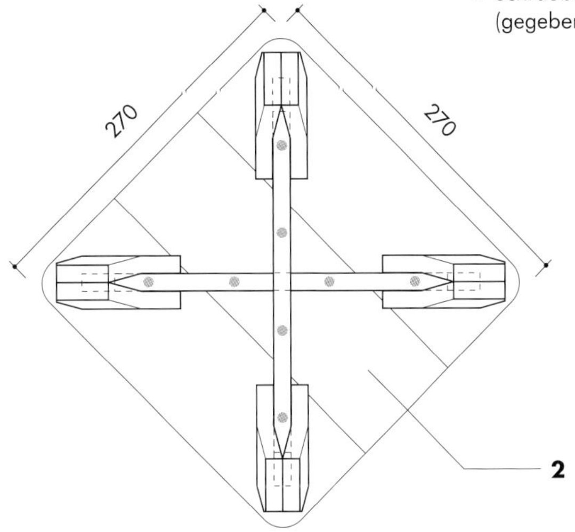

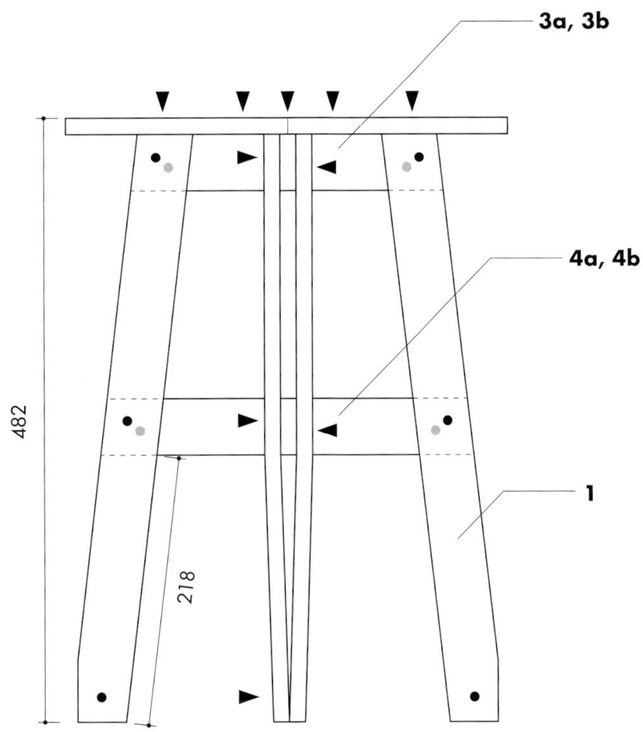

1 Verwenden Sie Anschlagwinkel und Schmiege, um die Schnitte mit geraden Linien an den Bauteilen anzureißen. Stellen Sie sicher, dass Ihre Anzeichnungen genau stimmen.

2 Sägen Sie die Nut für die Kreuzkammverbindungen (**3a/b, 4a/b**) der Stege, indem Sie zunächst entlang der vorgezeichneten Linien schneiden. Lassen Sie dann mehrere weitere Schnitte zwischen den beiden ersten folgen.

3 Stemmen Sie die Nut Stück für Stück mit Hammer und Stemmeisen aus. Zum Schluss säubern Sie vorsichtig klopfend den Nutboden am Riss entlang und die Ecken.

4 Nach diesen Arbeitsschritten schleifen Sie alle Bauteile sorgfältig und brechen die Längskanten mit dem Handhobel. Bearbeiten Sie die Hirnholzkanten der Hölzer mit Sandpapier, weil sie mit dem Hobel leicht ausreißen.

5 Überprüfen Sie die Beinpaare (**1, 3a/b, 4a/b**). Kontrollieren Sie die Passung und die Ausrichtung aller Komponenten. Kennzeichnen Sie die Position der Schraubenlöcher an den Beinen.

6 Zunächst schrauben Sie nur das erste Beinpaar an die Stege (**1, 3a, 4a**). Die Gegenseite der Klemmverbindung folgt im nächsten Schritt. (Schrauben: 25 mm)

7 Um die Stege kreuzförmig zusammenzubauen (**3b, 4b**), schieben Sie die verbliebenen Stege in den Nuten des bereits verschraubten Beinpaars zur Kreuzkammverbindung zusammen.

8 Befestigen Sie die verbliebenen Beine (**1**). Die gekreuzten Stege werden zwischen den beiden Beinbrettern eingeklemmt und mit Schrauben angebracht. (Schrauben: 25 mm)

9 Um die Beinpaare unten zu verschrauben, pressen Sie sie fest zusammen und fixieren sie mit einer Schraube. Die Beinenden sollten aneinander anliegen. (Schrauben: 25 mm)

10 Überprüfen Sie die zusammengebauten Beine mit dem Anschlagwinkel. Achten Sie darauf, dass die Kreuzkammverbindungen der Stege bündig abschließen und sich die Beine im rechten Winkel zueinander befinden.

11 Stellen Sie die Beine auf den umgedrehten Sitz (**2**) und zeichnen Sie sie an. Bohren Sie Löcher mittig entlang der Markierung und schrauben Sie den Sitz von oben fest. (Schrauben: 35 mm)

12 Stellen Sie den Hocker auf eine ebene Fläche und überprüfen Sie, ob er wackelt. Falls ja, korrigieren Sie mit Schleifpapier oder Säge.

03 STUHL MIT V-BEINEN

ZEIT 3 Stunden
LEVEL ●●○○○

Das Design dieses niedrigen Stuhls ist auf den „Couchtisch mit V-förmigen Beinen“ (Seite 112) und den „Beistelltisch mit Doppel-Klemm-Beinen“ (Seite 100) abgestimmt. Die Sitzhöhe beträgt 380 mm. Das Möbel ist leicht und wirkt auch in einem eher kleinen Raum nicht zu massiv. Die Rückenlehne ist zwar klein, stützt jedoch an ihrer niedrigen Position den unteren Rücken und sorgt deshalb für angenehmes Sitzen.

Auf den eher dünnen Beinen sitzt man anfangs möglicherweise etwas unsicher. Doch ihre V-förmige Anordnung sorgt dafür, dass die Last gleichmäßig verteilt wird. Die Konstruktion ist stark genug, um auch schwereren Personen stabiles Sitzen zu ermöglichen. Die Herstellung der Beine nimmt ein wenig Zeit in Anspruch, doch die einzelnen Schritte sind nicht allzu schwierig. Dieser Stuhl ist auch für Kinder gut geeignet.

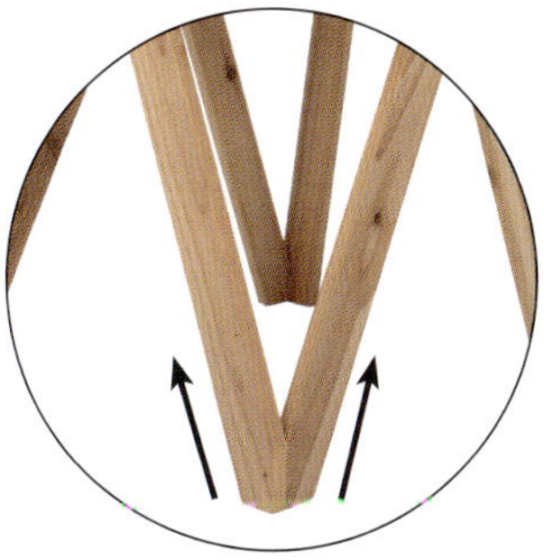

1
Das Zusammenlaufen der Beine in dieser V-Form verteilt die Last in zwei Richtungen und ergibt eine solide Struktur, trotz der dünnen Bretter.

2
Blick von unten auf die Beinstruktur. Die Sitzfläche wird auf einen Rahmen geschraubt, um jeglichem Verbiegen und Verdrehen vorzubeugen.

3
Das Sitzempfinden ist angenehmer, wenn die hinteren Beine etwas kürzer sind als die vorderen und sich die Sitzfläche leicht nach hinten neigt. So ergibt sich eine stabilisierte Sitzposition.

Der großartig leichte und mobile Stuhl aus dem Originalbuch.

BAUTEILE UND MATERIALIEN

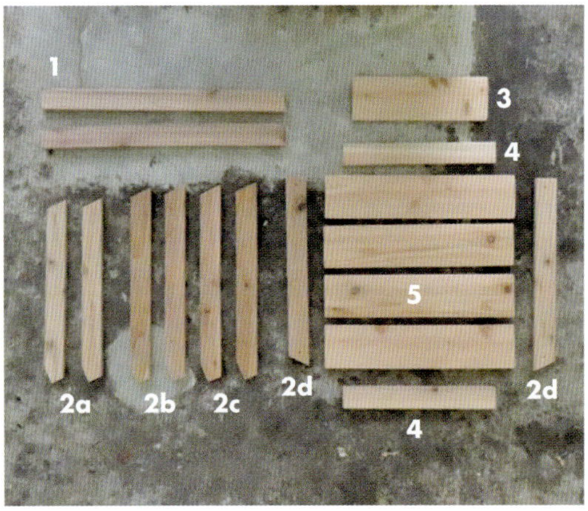

S = Stärke

1 13 (S) x 45 x 560 mm: 2 Leisten
2 13 (S) x 45 x 430 mm: 8 Leisten
3 13 (S) x 90 x 285 mm: 1 Brett
4 13 (S) x 45 x 329 mm: 2 Leisten
5 13 (S) x 90 x 400 mm: 4 Bretter

Auf die numerierten Teile oben wird sowohl bei den Bauplänen als auch in den Anweisungen Bezug genommen.

WERKZEUGE

Ryoba-Säge, Zwingen, Lineal und Rollmaßband, Zimmermannswinkel, Anschlagwinkel und Schmiege, Akkuschrauber, Schrauben (35 mm, 25 mm), Handhobel, Schleifmaschine, Schleifpapier, Holzleim

GRÖSSE DER BAUTEILE

Maßstab: 1:8 Maßangaben in mm

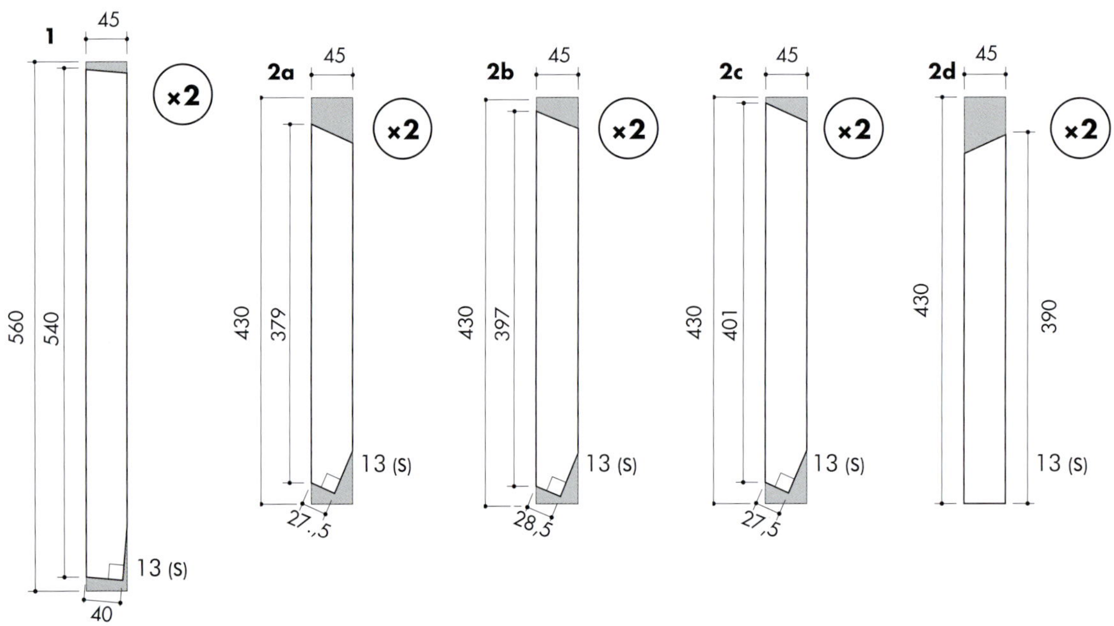

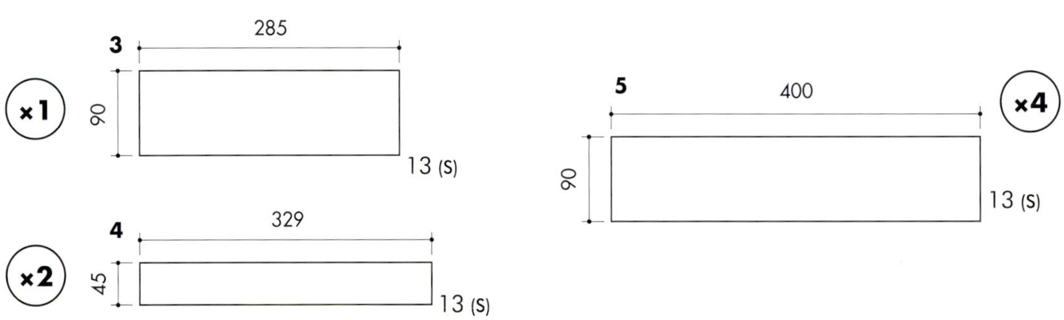

BAUPLAN

Maßstab: 1:8

Maßangaben in mm

- ● Von der Seite einschrauben
- ● Von hinten einschrauben
- ○ Messingnagel
- ► Schraubrichtung (gegebenenfalls angegeben)

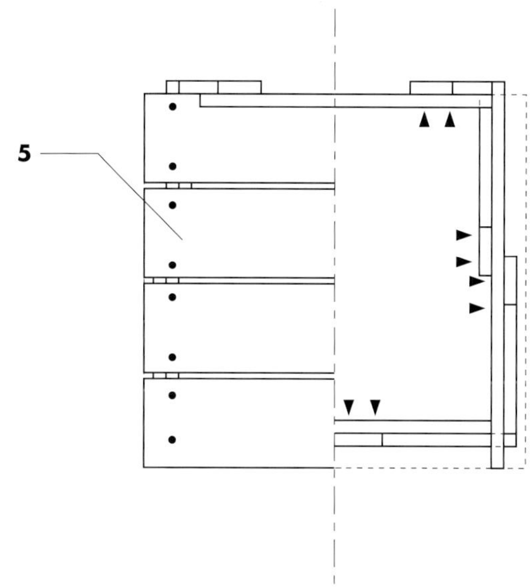

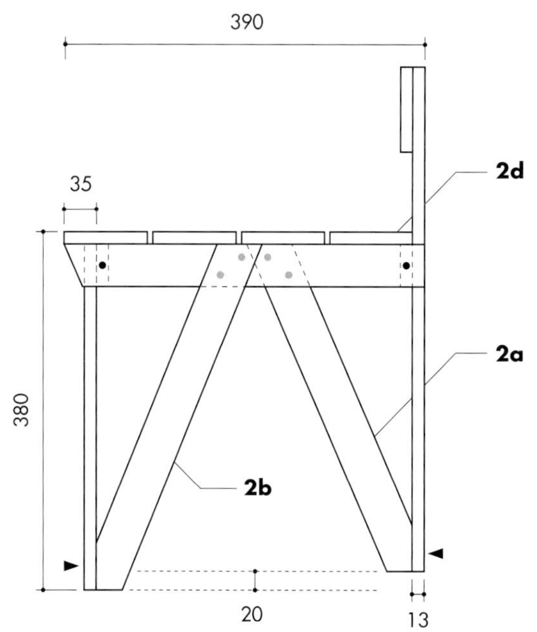

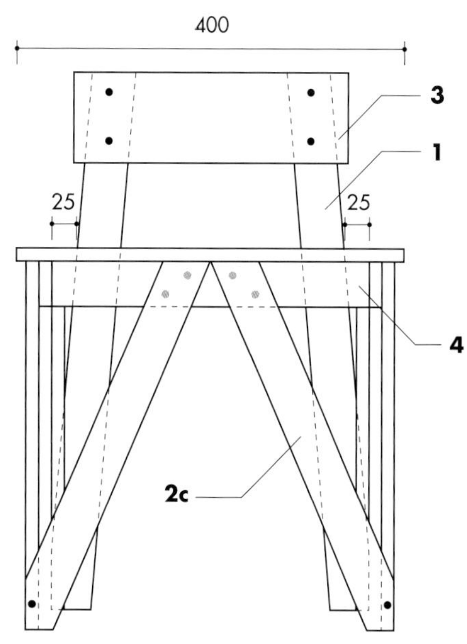

1 Verwenden Sie Anschlagwinkel und Schmiege, um die Maße und Winkel zu übertragen. Prüfen Sie noch einmal, ob alles stimmt. Dann schneiden Sie die Bauteile zu.

2 Nach dem Zuschnitt schleifen Sie die Elemente und erledigen das Abkanten mit dem Handhobel. Die Hirnholzkanten bearbeiten Sie jedoch besser mit Sandpapier, weil sie beim Hobeln leicht ausreißen.

3 Bauen Sie den Rahmen unter der Sitzfläche (**2d, 4**) zusammen. Prüfen und kennzeichnen Sie die Befestigungspositionen am vorderen und hinteren Rahmenholz. Richten Sie die oberen Ränder bündig abschließend aus und schrauben sie die Rahmenhölzer zusammen. (Schrauben: 35 mm)

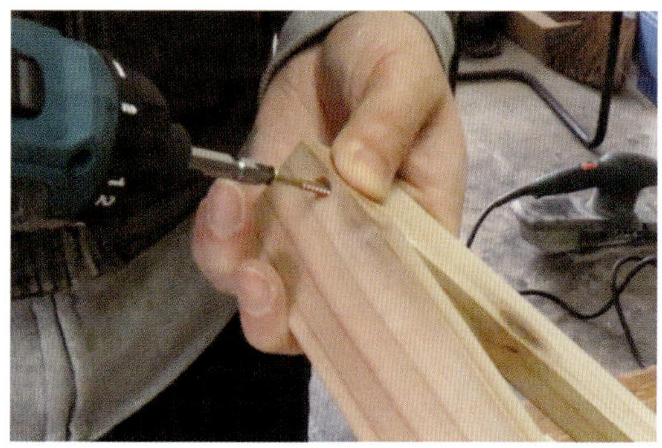

4 Verbinden Sie die vier V-förmigen Beine (**1, 2a, 2b, 2c**) miteinander. Heften Sie die Bretter zunächst mit einer Schraube zusammen, dann mit einer zweiten auf der Rückseite. Erst zum Schluss ziehen Sie beide Schrauben fest. (Schrauben: 35 mm)

5 Bauen Sie die beiden symmetrischen V-förmigen Beine (**1, 2a, 2b, 2c**) zusammen. Prüfen Sie anhand der Zeichnungen noch einmal, ob Ihre Kanten an der richtigen Stelle zusammenstoßen.

6 Ordnen Sie zunächst die beiden Vorderbeine an, nach oben mit bündigem Abschluss am Rahmen. Kennzeichnen Sie die Positionen der Beine und der Schrauben.

7 Stellen Sie den Rahmen so auf die V-förmigen Beine, dass sie in der Mitte des Rahmens zusammentreffen und nach oben bündig mit ihm abschließen. Bohren Sie die gekennzeichneten Punkte vor und schrauben Sie dann die Hölzer fest. (Schrauben: 25 mm)

8 Die V-förmigen Beine sollten an beiden Seiten und hinten am Rahmen anliegen. Richten Sie die oberen Enden der Beine bündig am Rahmen aus und schrauben Sie sie an. (Schrauben: 25 mm)

9 Befestigen Sie jetzt den Rückenlehnenteil symmetrisch an den V-förmigen Beinen. Nutzen Sie dazu wie im Foto gezeigt ein Lineal. Der richtige Abstand zwischen Rahmenkante und Rückenlehnenteil beträgt 25 mm. (Schrauben: 25 mm)

10 Schrauben Sie die Bretter der Sitzfläche (**5**) nacheinander in allen vier Ecken an. Montieren Sie jedes Brett immer erst an beiden Seiten, bevor Sie die dritte und die vierte Schraube eindrehen.

11 Legen Sie die Rückenlehne (**3**) auf die überstehenden Hinterbeine. Zeichnen Sie die Schrauben in digitaler Anordnung an und montieren Sie dann die Lehne. (Schrauben: 25 mm)

12 Stellen Sie den Stuhl auf eine ebene Fläche und überprüfen Sie, ob er wackelt. Falls ja, korrigieren Sie das überstehende Bein mit Schleifpapier oder Säge.

04

DREIKANT-GARTENSTUHL

ZEIT 4 Stunden
LEVEL ●●●○○

Dieser große Gartenstuhl ist sehr bequem. Die Sitzfläche bietet genug Raum für ein Kissen, man kann dort also problemlos im Schneidersitz mit einem Gegenstand auf dem Schoß thronen. Der Stuhl ist nicht nur für den Garten geeignet, sondern kann auch im Wohnzimmer zum Entspannen und Lesen dienen. Falls die Sitzfläche für Sie zu tief ist, schafft ein Kissen im Rücken schnell Abhilfe.

Das dreieckige Verbindungsstück zwischen Lehne und Sitzfläche verteilt die Kräfte, die auf die Verbindungsstellen wirken, und stützt die Lehne mit den verlängerten Hinterbeinen. Die vorderen und die hinteren Rahmenhölzer sind in die ausgestemmten Nuten der Beine eingelassen. Diese Besonderheit verbessert die Steifigkeit und verhindert, dass das Möbelstück zu den Seiten hin wackelig ist. Falls der Stuhl längere Zeit im Freien steht, verlängert ein Anstrich seine Lebensdauer.

1
Rückenlehne, Hinterbeine und seitliches Rahmenbrett bilden ein Dreieck, dessen Teile sich gegenseitig stützen und dem Stuhl große Stabilität verleihen.

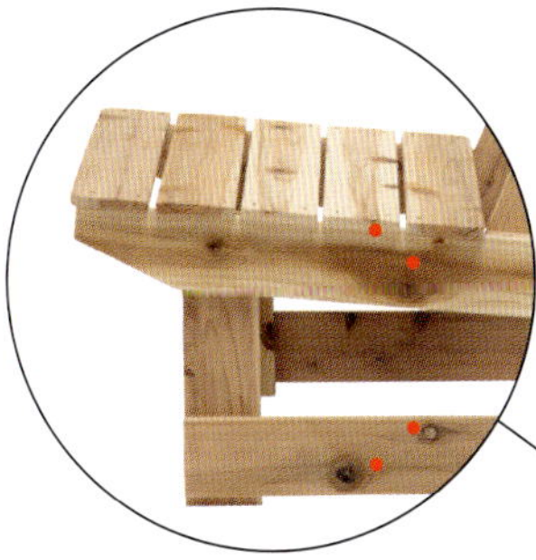

2
Das Befestigen von einander überdeckenden Flächen mit Schrauben in möglichst großem Abstand sorgt für ein Extra an Stabilität (die roten Punkte markieren die Position der Schrauben).

3
Die in die offenen Bereiche vorne und hinten eingeklinkten Rahmenbretter verstärken die Struktur und verhindern das Schwanken nach links und rechts.

Der Gartenstuhl aus sägerauem Holz in der ursprünglichen Veröffentlichung.

BAUTEILE UND MATERIALIEN

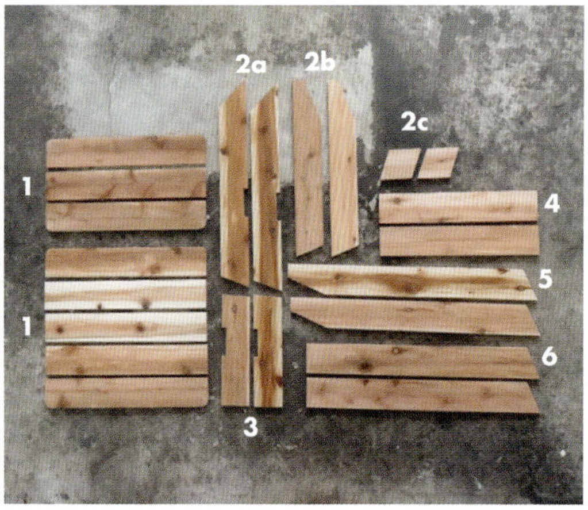

S = Stärke
1 13 (S) x 90 x 525 mm: 8 Bretter
2 13 (S) x 90 x 650 mm: 4 Bretter
3 13 (S) x 90 x 350 mm: 2 Bretter
4 13 (S) x 90 x 469 mm: 2 Bretter
5 13 (S) x 90 x 765 mm: 2 Bretter
6 13 (S) x 90 x 710 mm: 2 Bretter
Auf die numerierten Teile oben wird sowohl bei den Bauplänen als auch in den Anweisungen Bezug genommen.

WERKZEUGE

Ryoba-Säge, Stemmeisen, Hammer, Zwingen, Lineal und Rollmaßband, Zimmermannswinkel, Anschlagwinkel und Schmiege, Akkuschrauber, Schrauben (35 mm, 25 mm), Messingnägel (35 mm), Handhobel, Schleifmaschine, Schleifpapier, Holzleim

GRÖSSE DER BAUTEILE

Maßstab: 1:10
Maßangaben in mm

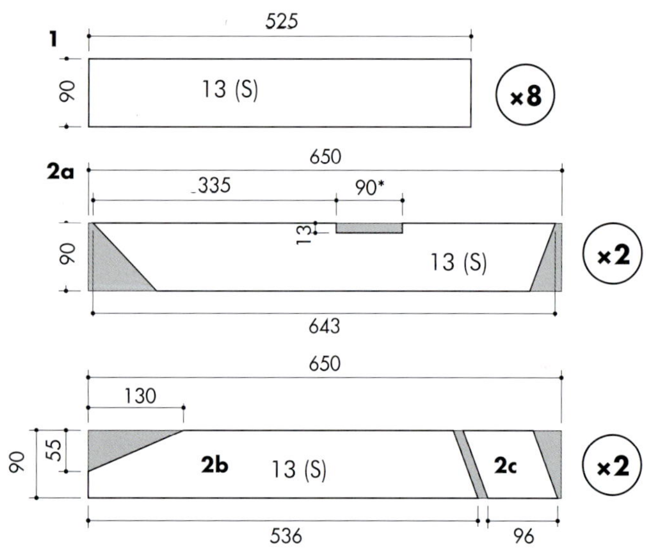

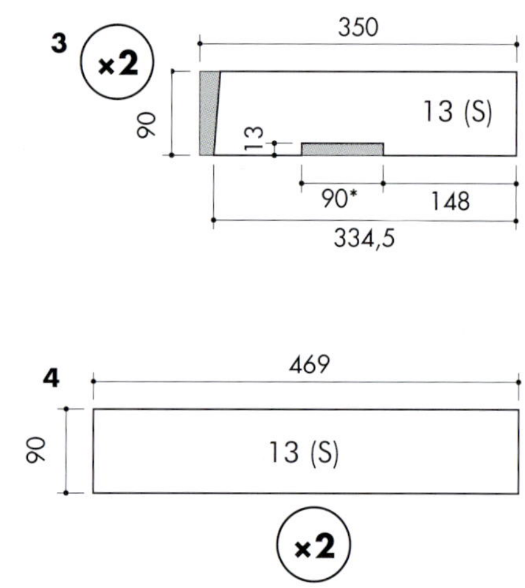

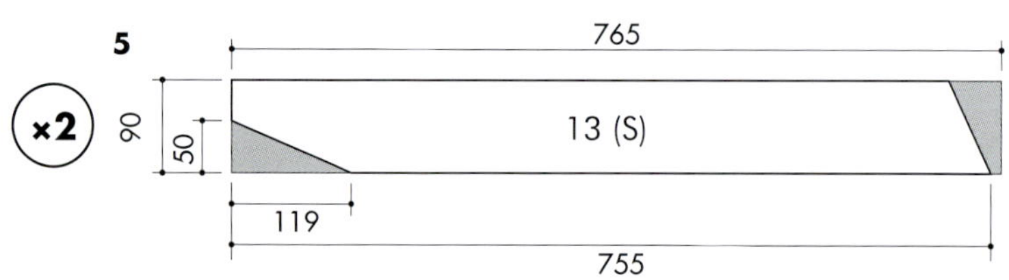

* Prüfen Sie die tatsächliche Breite jedes einzubauenden Teils.

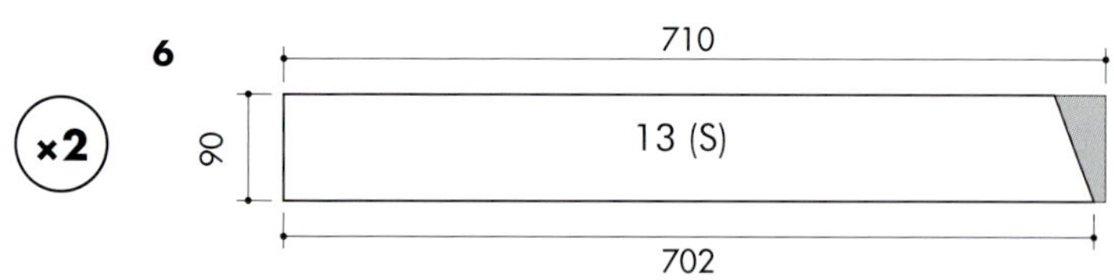

BAUPLAN

Maßstab: 1:10
Maßangaben in mm

- ● Von der Seite einschrauben
- ● Von hinten einschrauben
- ○ Messingnagel
- ▸ Schraubrichtung (gegebenenfalls angegeben)

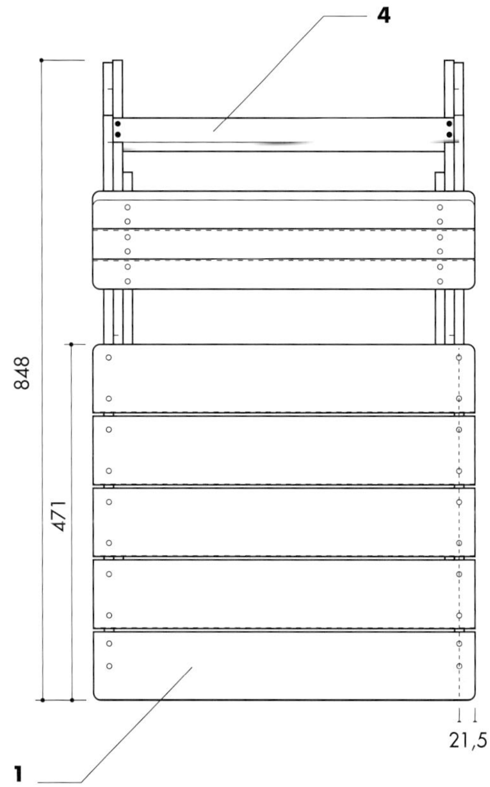

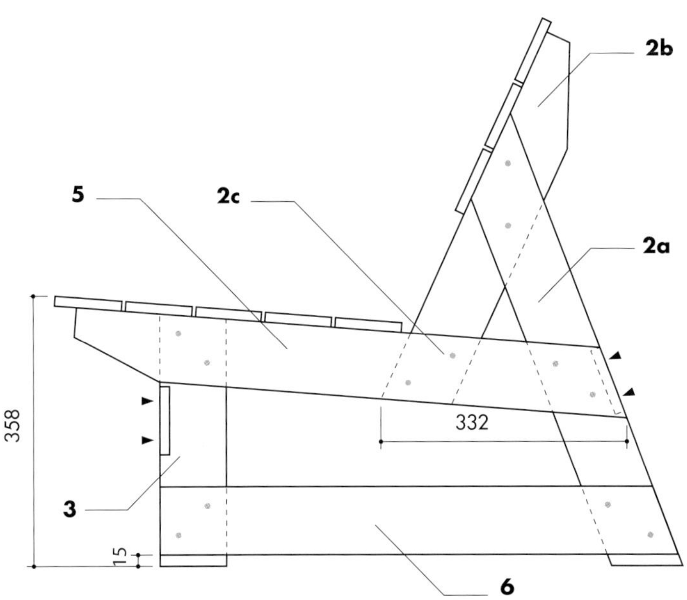

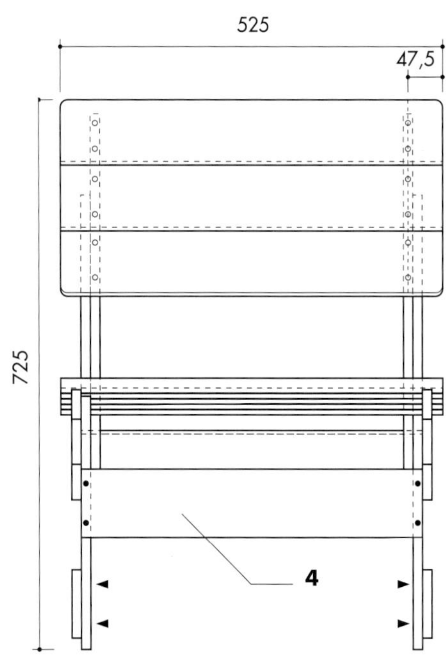

1 Verwenden Sie Anschlagwinkel und Schmiege, um die Dimensionen der Bauteile anzuzeichnen, und die Säge für den Zuschnitt.

2 Schneiden Sie für die Nuten (**2a, 3**), die das vordere und hintere Rahmenbrett aufnehmen sollen, die Beine an den vorgegebenen Stellen ein. Sägen Sie das Holz zuerst entlang der beiden äußeren Linien in der erforderlichen Tiefe ein. Dann setzen Sie noch mehrere Schnitte dazwischen.

3 Mit dem Stemmeisen entfernen Sie vorsichtig Holz bis zur richtigen Tiefe. Zuletzt säubern Sie den Nutgrund vorsichtig mit Hammer und Eisen.

4 Sobald alles zugeschnitten ist, schleifen Sie alle Teile glatt und brechen die Kanten mit einem Handhobel. Die Hirnholzkanten der Sitzfläche und der Rückenlehne sollten sorgfältig mit Sandpapier abgerundet werden.

5 Fügen Sie die beiden Seitenteile (**2a, 3, 5, 6**) zusammen. Überprüfen Sie beim Zusammenschrauben die Winkel aller Bauteile mit Anschlagwinkel und Schmiege. (Schrauben: 25 mm)

6 Überprüfen Sie vor dem Anbringen der Abstandshalter (**2c**) ihre genaue Positionierung und die der Rückenlehnenstütze (**2b**) anhand des Plans. Schrauben Sie unbedingt zuerst die Abstandhalter an. (Schrauben: 25 mm)

7 Platzieren Sie die Rückenlehnenstütze (**2b**) passgenau über den Abstandshaltern und schrauben Sie sie fest. Üben Sie beim Festschrauben so viel Druck aus, dass sich nichts ungewollt verschieben kann. (Schrauben: 25 mm)

8 Prüfen Sie, ob die vorderen und hinteren Rahmenbretter (**4**) genau in die vorgeschnittenen Nuten in den Beinen passen. Falls nicht, arbeiten Sie mit dem Stemmeisen nach.

9 Wenn nach dem unverleimten Zusammenbau noch etwas knirscht, korrigieren Sie soweit erforderlich. Schrauben Sie dann, während Sie die Bauteile fest aufeinander pressen, alles zusammen. Anschließend sollte der Stuhl stabil sein. (Schrauben: 35 mm)

10 Arrangieren Sie die Bretter der Sitzfläche und der Rückenlehne auf ihrem jeweiligen Platz (**1**) in gleichmäßigen Abständen. Zeichnen Sie ihre Positionen mit dem Bleistift an. Bohren Sie die Löcher in den Brettern vor, um das Eintreiben der Nägel zu erleichtern.

11 Fixieren Sie das erste Brett der Rückenlehne an der richtigen Stelle und stabilisieren Sie dabei den Stuhlunterbau an einer Wand oder mit Ihrem Oberschenkel. Schlagen Sie die Nägel ein. (Messingnägel: 35 mm)

12 Stellen Sie den Stuhl auf eine ebene Fläche und überprüfen Sie, ob er wackelt. Falls ja, korrigieren Sie mit Schleifpapier oder Säge.

05

SITZKASTEN

ZEIT 3 Stunden

LEVEL ●●○○○

Diese Sitzgelegenheit bietet zusätzlich Stauraum und ist für ein Wohn- oder Kinderzimmer gedacht. Wenn man zwei oder drei Sitzkästen nebeneinanderstellt und Kissen darauflegt, erhält man eine brauchbare Bank, und wenn unerwarteter Besuch kommt, lässt man rasch alles Umherliegende in diesem Sitzmöbel verschwinden. Der Kasten macht sich auch in der Diele gut: Er erleichtert das An- und Ausziehen der Schuhe und nimmt die Schuhputzutensilien auf.

Der Korpus besteht aus 18 mm dicken Sugibrettern (alternativ dazu eignen sich Lärche, Kiefer oder Fichte/Tanne). Er ist mit robusten Fingerzinken zusammengefügt. Diese Eckverbindungen werden aus zwei Richtungen mit langen Schrauben zusammengehalten und sind besonders stabil. Die Sitzfläche (der Deckel) besteht aus nur 5,5 mm starkem Sperrholz, ist jedoch auf der Rückseite durch zwei Leisten verstärkt, sodass man völlig unbesorgt darauf sitzen kann.

1
Die Eckverbindungen bestehen aus sogenannten – in diesem Fall sehr breiten – Fingerzinken. Die Bretter greifen übereck ineinander und sind auch aus zwei Richtungen zusammengeschraubt. Das ergibt eine stabile Struktur, die Druck von oben und von der Seite gleichermaßen widersteht.

2
Die geneigte Front lässt Platz für die Fersen und ermöglicht eine gute Sitzhaltung.

3
Die Sitzfläche ist mit rechtwinkligen Leisten verstärkt, die außerdem ein mögliches Verrutschen verhindern.

Der nützliche Sitzkasten, der auch der Aufbewahrung dient, aus dem Originalbuch.

BAUTEILE UND MATERIALIEN

S = Stärke
1 18 (S) x 180 x 370 mm: 1 Brett
2 18 (S) x 180 x 355 mm: 2 Bretter
3 18 (S) x 180 x 405 mm: 1 Brett
4 18 (S) x 180 x 390 mm: 4 Bretter
5 12 (S) x 12 x 280 mm: 2 Leisten
6 12 (S) x 12 x 350 mm: 2 Leisten
7 18 (S) x 18 x 350 mm: 2 Leisten
8 5,5 (S) x 410 x 410 mm: 1 Platte (Sperrholz)
9 5,5 (S) x 305 x 350 mm: 1 Platte (Sperrholz)
Auf die numerierten Teile oben wird sowohl bei den Bauplänen als auch in den Anweisungen Bezug genommen.

WERKZEUGE

Ryoba-Säge, Rückensäge mit Azebiki-Spitze, Hammer, Stemmeisen, Zwinge, Lineal und Rollmaßband, Zimmermannswinkel, Anschlagwinkel und Schmiege, Akkuschrauber, Schrauben (45 mm, 25 mm, 20 mm), Handhobel, Schleifmaschine, Schleifpapier, Holzleim

GRÖSSE DER BAUTEILE

Maßstab: 1:10
Maßangaben in mm

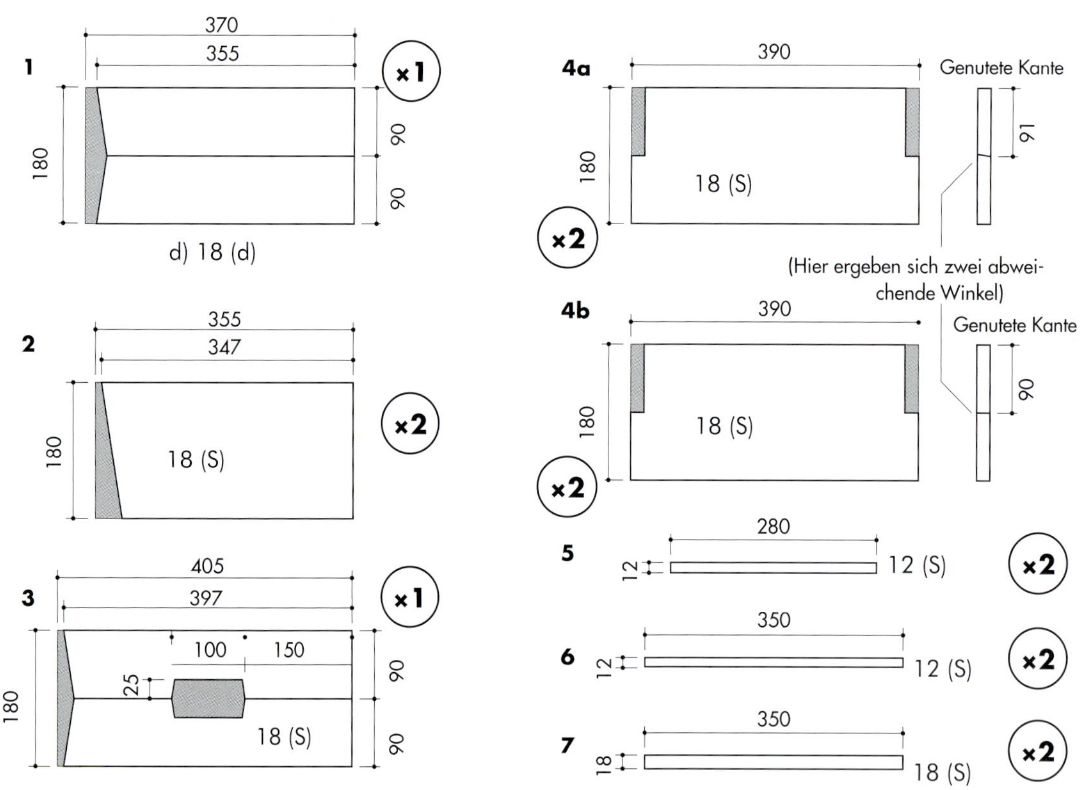

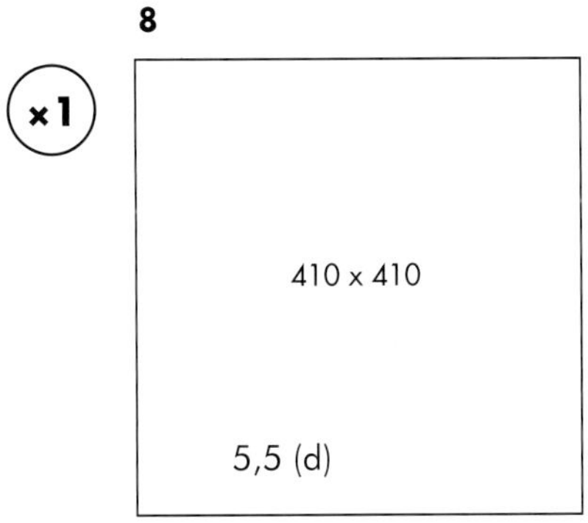

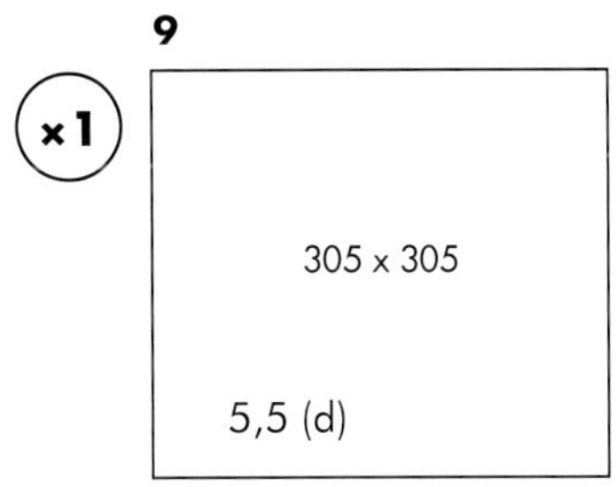

BAUPLAN

Maßstab: 1:10

Maßangaben in mm

- ● Von der Seite einschrauben
- ● Von hinten einschrauben
- ○ Messingnagel
- ▸ Schraubrichtung (gegebenenfalls angegeben)

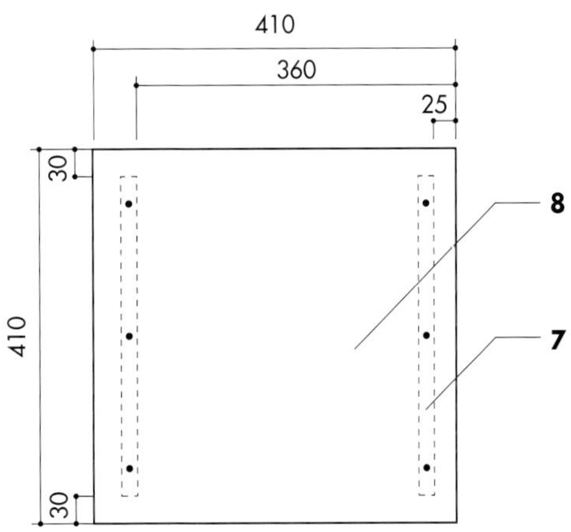

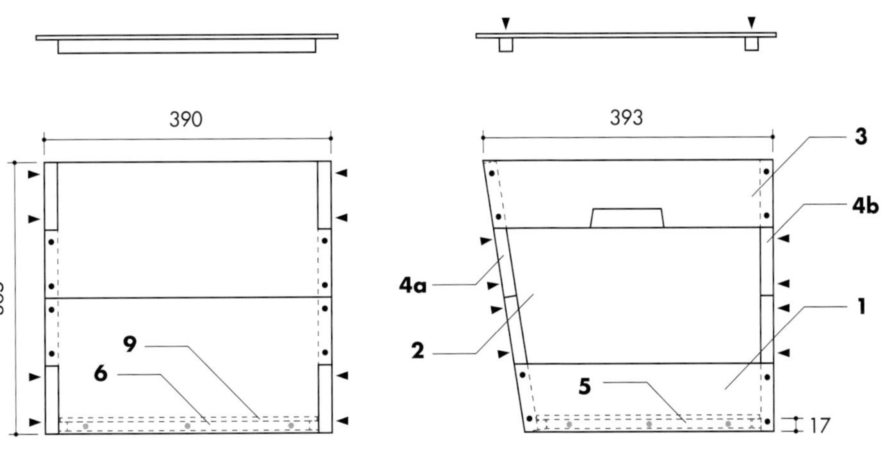

1 Reißen Sie alle Teile an und schneiden Sie sie zu. Fixieren Sie beim Sägen die Elemente **1** und **3** mit einer Schraubzwinge und nutzen Sie die freie Hand, um das abzuschneidende Brettteil zu halten.

2 Um die Einschnitte für die Griffe (**3**) herzustellen, setzen Sie zunächst die Schnitte von der Kante. Anschließend arbeiten Sie mit der Rückensäge mit Azebiki-Spitze. Fangen Sie in der Mitte des Risses an und halten Sie die Säge immer steiler, bis Sie zur Rückseite durchsägen.

3 Stellen Sie die Nuten der Bretter (**4a, 4b**) für die gerade Rück- und die geneigte Vorderseite her. Beachten Sie, dass bei den vorderen Brettern andere und keine rechten Winkel anliegen. Nutzen Sie Anschlagwinkel und Schmiege, um die Winkel korrekt zu übertragen.

4 Nach dem Zuschnitt schleifen Sie die Bauteile und brechen die Kanten mit dem Handhobel. Die Hirnholzkanten sollten hingegen mit Sandpapier gerundet werden, da sie bei der Bearbeitung mit dem Hobel leicht ausreißen.

5 Verbinden Sie zunächst die Rückseite mit den Seitenteilen (**1, 2, 3, 4b**). Drücken Sie die Bretter beim Schrauben gut zusammen, damit eine feste Verbindung entsteht. (Schrauben: 45 mm)

6 Bauen Sie die Teile von unten nach oben zusammen (**1, 2, 3, 4b**). Für eine gute Passung pressen Sie die Teile gut aufeinander, während Sie die Schrauben fest anziehen. (Schrauben: 45 mm)

7 Bringen Sie die Vorderseite an (**4a**). Falls die Winkel Ihrer im Baumarkt zugeschnittenen Bretter nicht exakt stimmen, korrigieren Sie dies später mit der Schleifmaschine. Achten Sie auf genaues und druckvolles Einpassen. (Schrauben: 45 mm)

8 Bohren Sie die Löcher in den dünnen Hilfsleisten mit einem Versenkbohrer vor (**5, 6**), damit sie nicht ausreißen.

9 Befestigen Sie die vier Hilfsleisten im Inneren der Kiste. Messen und kennzeichnen Sie die genauen Positionen, damit sie nach oben hin (oder, falls gewünscht, mit dem Boden) bündig abschließen. Wenn alles passt, schrauben Sie sie an. (Schrauben: 25 mm)

10 Jetzt markieren Sie die Position der Hilfsleisten auf der Rückseite der Sitzfläche (des Deckels) (**7, 8**). Dazu messen Sie zuvor den Innenraum der Kiste aus und legen dann die Platzierung der Leisten und der Schraubenlöcher fest.

11 Richten Sie die Hilfsleisten auf der Unterseite der Sitzfläche (**7, 8**) aus. Bohren Sie mit dem Versenkbohrer Löcher vor und orientieren Sie sich dabei an den Löchern in den Leisten. Fixieren Sie beim Anschrauben mit Druck. (Schrauben: 20 mm)

12 Schieben Sie die Bodenplatte in der Kiste auf die in Schritt 9 angeschraubten Hilfsleisten. Falls sie nicht genau passt, korrigieren Sie mit Schleifpapier oder Handhobel. Zuletzt legen Sie die Sitzfläche auf die Kiste.

06

KINDERSTUHL MIT KLEMM-BEINEN

ZEIT 3,5 Stunden
LEVEL ●●●○○

Dieser niedrige Stuhl eignet sich für Kleinkinder, die schon sitzen können. Er verfügt über einen abnehmbaren Tisch, auf dem Essen und Getränke abgestellt werden können. Die Sitzhöhe lässt sich beim Bau an die Größe des Kindes anpassen. Das Möbel eignet sich für Kinder, die zwischen 80 und 110 cm groß sind. Die Fußstütze kann auch nach dem Zusammenbau noch in Höhe und Neigung variiert werden. Es ist außerdem möglich, sie ganz zu entfernen, wenn das Kind sie nicht mehr braucht.

Kinder sind immer aktiv, auch wenn sie sitzen. Deshalb stand Robustheit im Mittelpunkt des Entwurfs. Weil der Stuhl auf dem Klemm-Prinzip basiert, sind die Beine zweifach und damit doppelt stabil. Von der Seite sieht man, dass sie außerdem wie ein großes A auseinanderlaufen. Sitzfläche und Rückenlehne sind fest in die Konstruktion integriert und verhindern jedes Schwanken nach links und rechts. Außerdem zeichnen den Stuhl eine Reihe genialer Besonderheiten aus.

1

Nach oben verlängert ähneln die Beine einem großen A. Deshalb gerät der Stuhl auch dann nicht ins Schwanken, wenn ein Kind besonders bewegungsfreudig ist.

2

Die hinteren Beinpaare werden jeweils zusammengeschraubt, was die eingeklemmten Hölzer der Sitzfläche besonders gut fixiert. Durch die Änderung des Abstands zwischen den Beinen lässt sich die Sitzhohe beim Zusammenbauen noch variieren.

3

Sobald das Kind alt genug ist, kann man die Fußstütze entfernen. Danach ist es möglich, auch die vorderen Beinpaare unten jeweils zusammenzuschrauben und die Stabilität des Stuhls weiter zu erhöhen.

Der Kinderstuhl mit seinen Klemm-Beinen in der Originalausgabe.

BAUTEILE UND MATERIALIEN

S = Stärke

1 13 (S) x 45 x 270 mm: 2 Leisten
2 13 (S) x 90 x 341 mm: 4 Bretter
3 13 (S) x 90 x 285 mm: 1 Brett
4 18 (S) x 18 x 150 mm: 2 Leisten
5 13 (S) x 90 x 390 mm: 2 Bretter
6 13 (S) x 45 x 420 mm: 8 Leisten
7 13 (S) x 45 x 450 mm: 2 Leisten
8 13 (S) x 45 x 355 mm: 2 Leisten
9 13 (S) x 45 x 150 mm: 2 Leisten
10 13 (S) x 45 x 311 mm: 1 Leiste
11 13 (S) x 90 x 311 mm: 1 Brett

Auf die numerierten Teile oben wird sowohl bei den Bauplänen als auch in den Anweisungen Bezug genommen.

WERKZEUGE

Ryoba-Säge, Lineal und Rollmaßband, Zimmermannswinkel, Anschlagwinkel und Schmiege, Akkuschrauber, Winkelbohrkopf, Schrauben (45 mm, 25 mm, 20 mm), Handhobel, Schleifmaschine, Schleifpapier, Holzleim

GRÖSSE DER BAUTEILE

Maßstab: 1:10
Maßangaben in mm

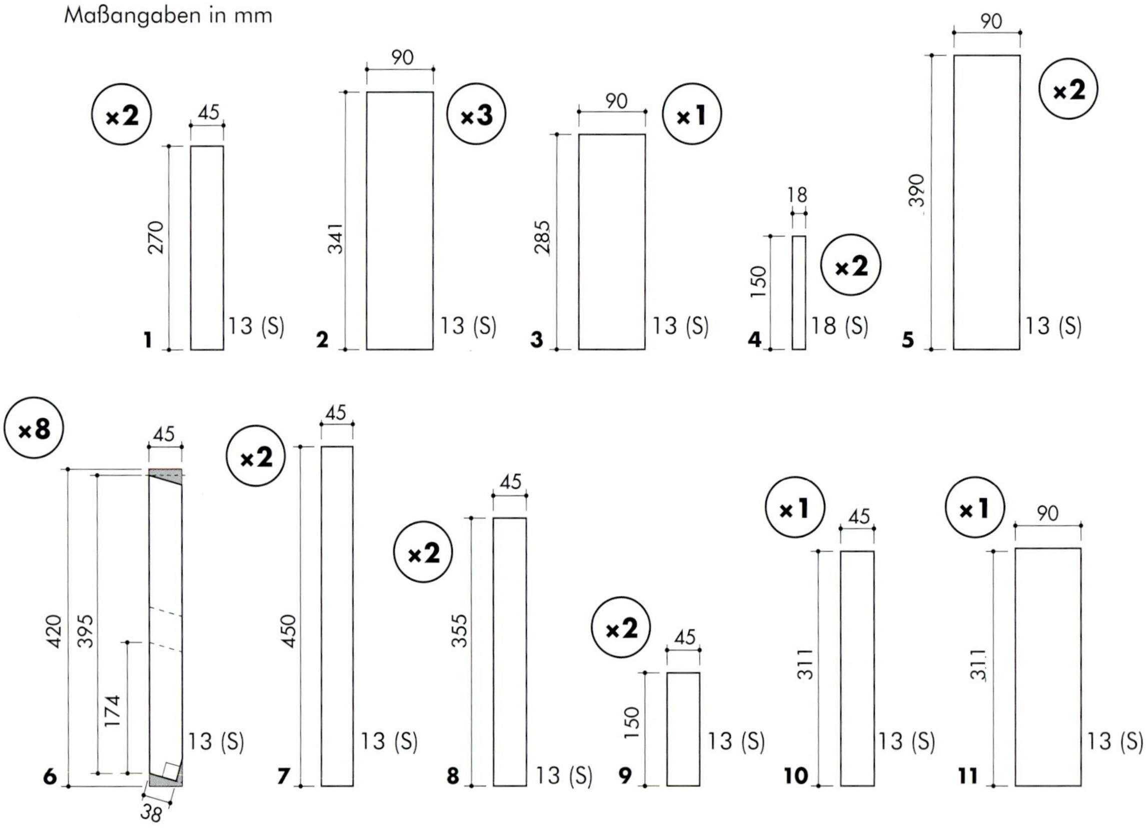

BAUPLAN

Maßstab: 1:10

Maßangaben mm

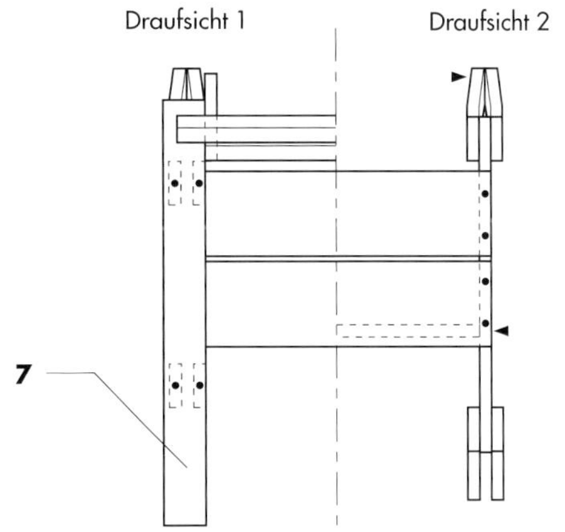

- ● Von der Seite einschrauben
- ● Von hinten einschrauben
- ○ Messingnagel
- ► Schraubrichtung (gegebenenfalls angegeben)

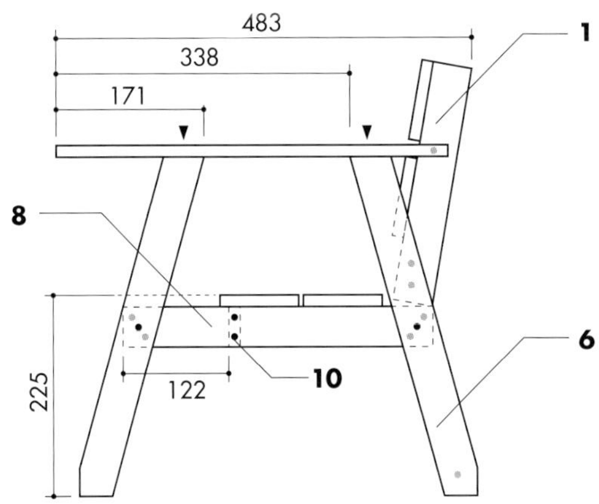

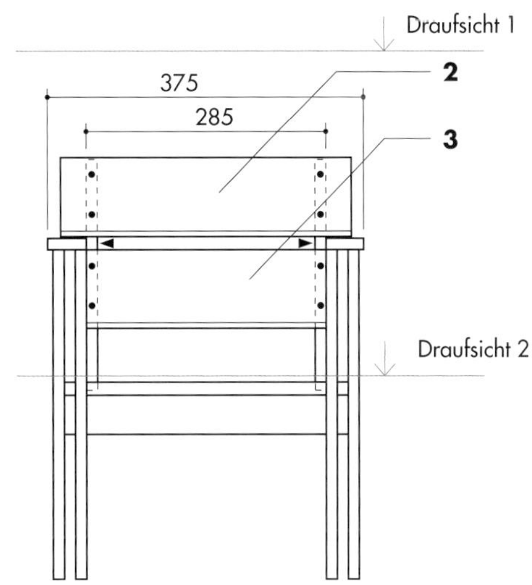

Tisch

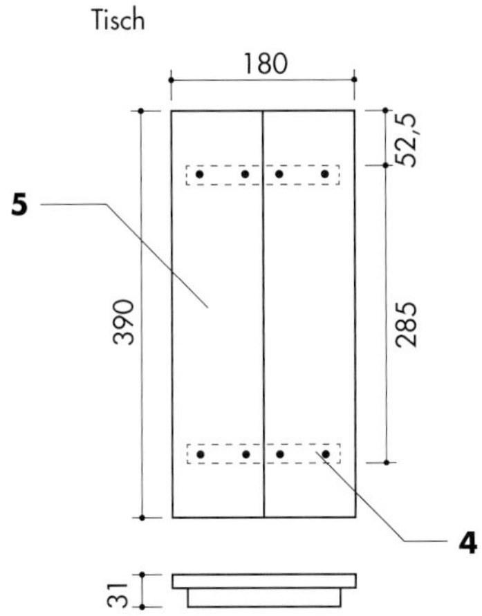

Fußstütze

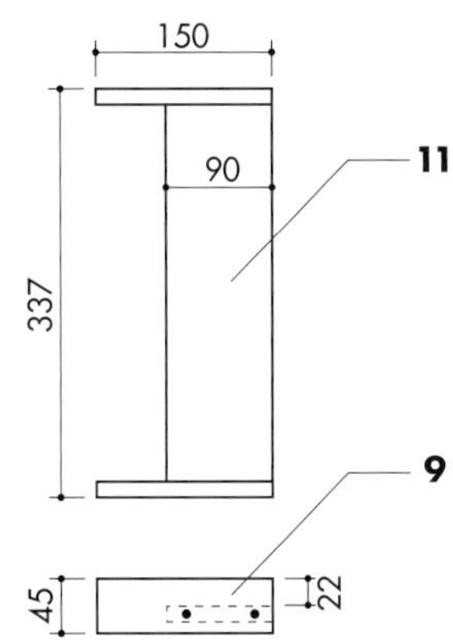

1 Nutzen Sie zum Übertragen der Maße und Winkel Anschlagwinkel und Schmiege. Schneiden Sie die Bauteile mit der Säge aus. Achten Sie darauf, vor dem Sägen alle Linien genau aufzuzeichnen.

2 Führen Sie die geraden oder schrägen Querschnitte im Holz mit dem richtigen Sägeblatt aus. Setzen Sie Ihren Daumen als seitliche Führung der Säge ein.

3 Nach dem Zuschnitt arbeiten Sie die Bauteile mit Schleifpapier und Handhobel nach. Spitze und Hirnholzkanten lassen sich sicherer mit Schmirgelleinwand runden, da sie beim Hobeln leicht ausreißen.

4 Überprüfen Sie die Positionierung der Beine, Armlehnen und Bohrlöcher (**6, 7, 8**). Befestigen Sie mit Schraubzwingen ein geeignetes Brett an Ihrer Werkbank, an dem Sie die einzelnen Bauteile beim leimfreien Zusammenbau ausrichten.

5 Montieren Sie den Sitzflächenträger (**8**) zwischen den Beinen (**7**) (Schrauben: 35 mm). Stecken Sie, bevor Sie die Armlehne (**6**) anschrauben (Schrauben: 45 mm), eine geeignete Leiste in den Spalt, um für den richtigen Abstand zu sorgen.

6 Schrauben Sie die Bretter der Rückenlehne auf die Trägerleisten (**1, 2, 3**). Überprüfen Sie ihre Position anhand des Bauplans. Die Schrauben im längeren oberen Brett setzen Sie leicht diagonal. (Schrauben: 35 mm)

7 Die Rückenlehne ist an den Innenseiten der hinteren Beine und Armlehne zu befestigen. Bringen Sie sie in die gewünschte Schräge und schrauben Sie sie fest. (Schrauben: 25 mm)

8 Fügen Sie zwischen den Sitzflächenträgern eine stabilisierende Leiste (**10**) ein, um ein Auseinanderspreizen der Beine zu verhindern. Achten Sie darauf, dass alle drei Hölzer oben bündig abschließen. (Schrauben: 35 mm)

9 Bringen Sie die Sitzbretter an (**2**). Nutzen Sie hierzu den Winkelbohrkopf, um die Schrauben richtig zu platzieren. (Schrauben: 35 mm)

10 Bauen Sie den Tisch zusammen (**4, 5**). Die Position der Hilfsleisten richtet sich nach dem Innenabstand zwischen den Armlehnen. Sobald Sie sicher sind, dass der Tisch passt, schrauben Sie die Leisten fest. (Schrauben: 25 mm)

11 Montieren Sie die Fußstütze (**9, 11**) wie in der Abbildung gezeigt U-förmig zusammen. Wo genau Sie sie anbringen wollen, entscheiden Sie am besten, während das Kind im Stuhl sitzt. Die Befestigung erfolgt von außen. (Schrauben: 35 mm)

12 Schrauben Sie zum Abschluss die beiden hinteren Beinpaare zusammen. Stellen Sie den Stuhl danach auf eine ebene Fläche und überprüfen Sie, ob er wackelt. Falls ja, korrigieren Sie mit Schleifpapier oder Säge.

07 GARTENBANK MIT V-BEINEN

ZEIT 4,5 Stunden
LEVEL ●●●○○

Diese Bank ist breit genug, dass drei Personen nebeneinander darauf sitzen können. Wenn sie in einem Garten steht, kann man hier entspannen und sich am Grün erfreuen. Für Gartenfeste passt sie gut zum „Höhenvariablen Tischgestell" (Seite 142), an dem Sie und Ihre Gäste beim Essen auf ihr Platz nehmen können. Kommt die Bank in einem Innenraum zum Einsatz, lässt sich ihr rustikales Erscheinungsbild mithilfe von Kissen und Decken abrunden.

Zu den vier Beinen in den Ecken gesellen sich zwei weitere in der Mitte. So können drei Erwachsene zugleich auf der Bank zu sitzen, ohne dass sie sich durchbiegt. Für sich allein genommen sind die Beine in den Ecken nicht stark genug. Doch da immer zwei in einem V zusammenlaufen und aneinandergeschraubt sind, entsteht eine starke und stabile Verbindung. Das mittlere Beinpaar ist gerade, aber nach vorne und hinten durch Leisten fixiert. Wackeln ist also ausgeschlossen.

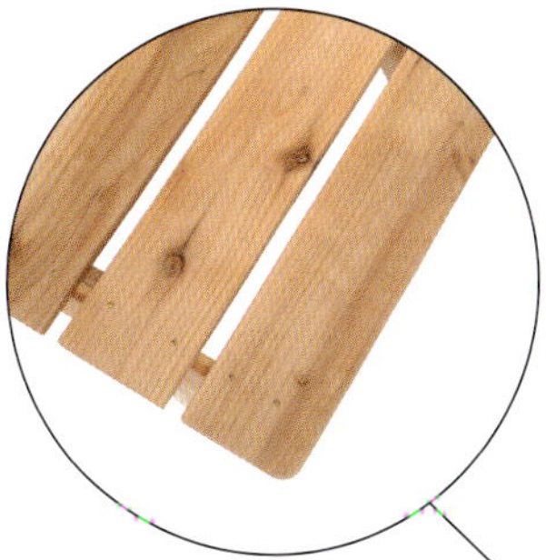

1
Die vier Ecken der Sitzfläche und der Rückenlehne sind gerundet, damit die Bank etwas weicher wirkt.

2
Die V-förmige Verbindung der Hölzer verteilt die auf den Fuß wirkende Last in zwei Richtungen und gibt der Struktur Festigkeit, auch wenn die Bretter dünn erscheinen.

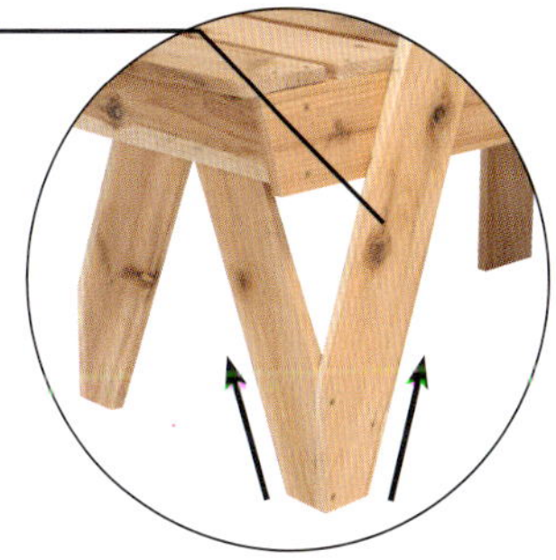

3
Weil die Sitzfläche recht lang ist, gibt es ein weiteres Beinpaar in der Mitte. Es muss eine Winzigkeit kürzer sein als die übrigen, damit die Bank fest steht.

Die Gartenbank im Originalbuch.

BAUTEILE UND MATERIALIEN

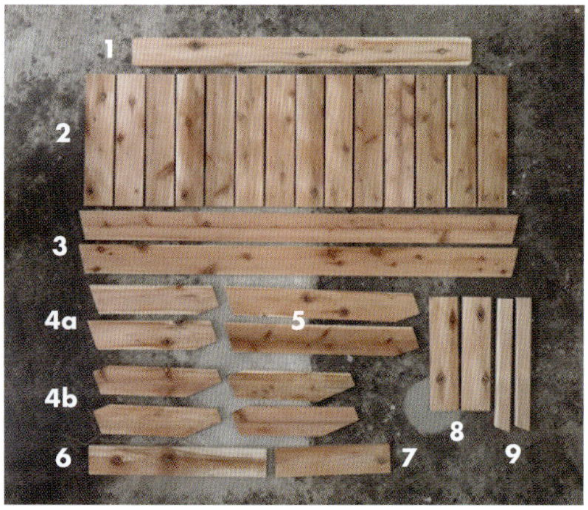

S = Stärke

1 13 (S) x 90 x 1080 mm: 1 Brett

2 13 (S) x 90 x 405 mm: 14 Bretter

3 13 (S) x 90 x 1400 mm: 2 Bretter

4 13 (S) x 90 x 450 mm: 6 Bretter

5 13 (S) x 90 x 650 mm: 2 Bretter

6 13 (S) x 90 x 560 mm: 1 Brett

7 13 (S) x 90 x 365 mm: 1 Brett

8 13 (S) x 90 x 345 mm: 2 Bretter

9 13 (S) x 45 x 415 mm: 2 Leisten

Auf die numerierten Teile oben wird sowohl bei den Bauplänen als auch in den Anweisungen Bezug genommen.

WERKZEUGE

Ryoba-Säge, Hammer, Zwingen, Lineal und Rollmaßband, Zimmermanns- und Anschlagwinkel, Schmiege, Akkuschrauber, Schrauben und Messingnägel (je 35 mm und 25 mm), Handhobel, Schleifmaschine, Schleifpapier, Holzleim

GRÖSSE DER BAUTEILE

Maßstab: 1/10

Maßangaben in mm

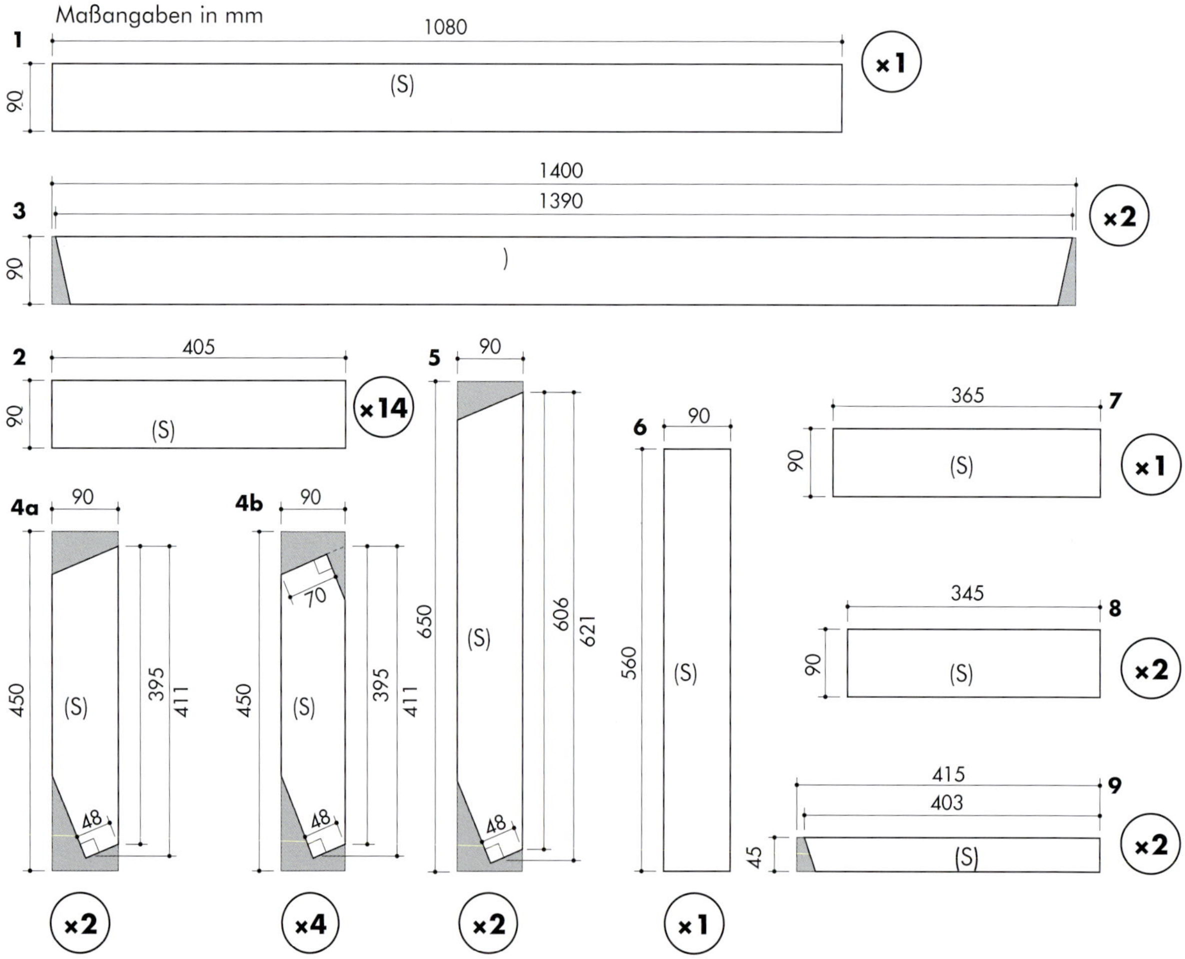

BAUPLAN

Maßstab: 1:10

Maßangaben in mm

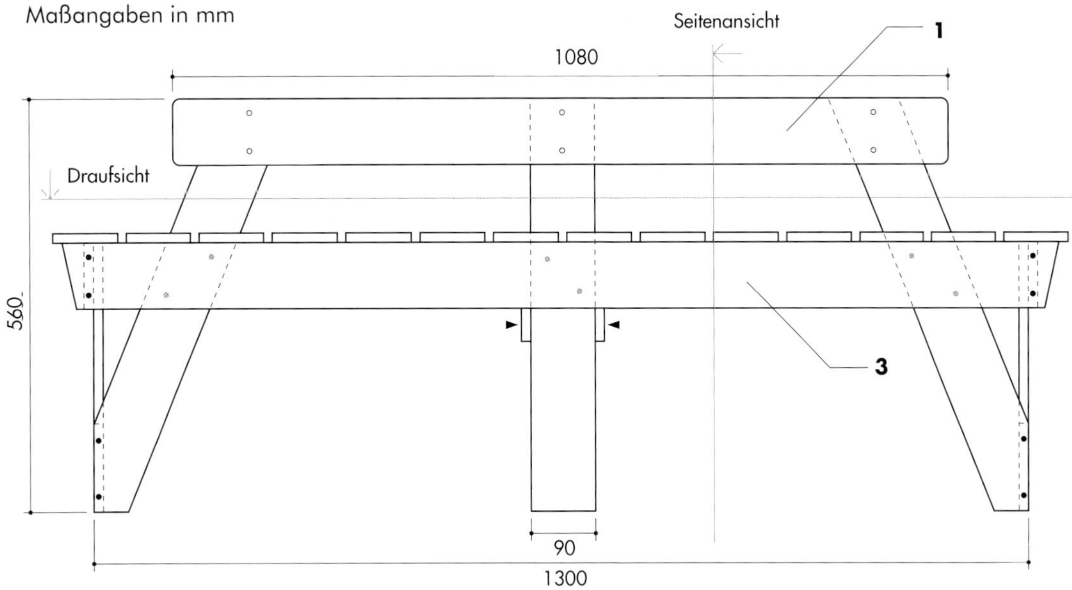

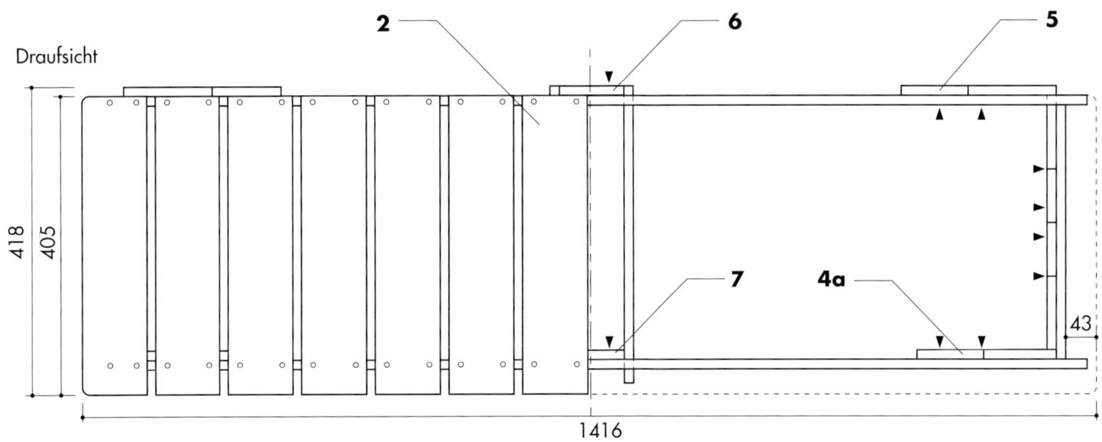

- ● Von der Seite einschrauben
- ● Von hinten einschrauben
- ○ Messingnagel
- ► Schraubrichtung (gegebenenfalls angegeben)

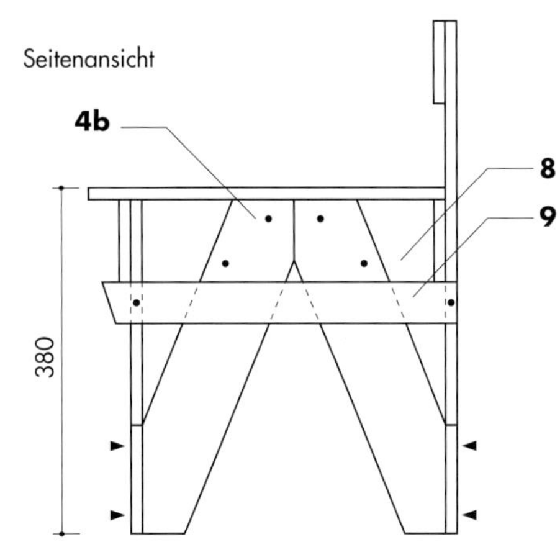

1 Verwenden Sie Anschlagwinkel und Schmiege, um die notwendigen Schnitte anzureißen. Anschließend nutzen Sie die Säge für den Zuschnitt.

2 Glätten Sie die Bauteile mit der Schleifmaschine und dem Handhobel. Die Kanten der Rückenlehne und die äußeren Bretter der Sitzfläche sollten sorgsam abgerundet sein.

3 Bauen Sie den Rahmen (**3, 8**), indem Sie die Verbindungen mit Holzleim herstellen. Pressen Sie die Bretter beim Schrauben kräftig zusammen, damit ein starker Verbund entsteht. (Schrauben: 35 mm)

4 Bauen Sie die V-förmigen Beine (**4a, 4b, 5**) zusammen, indem Sie die Schraube in das erste Brett drehen, bis ihre Spitze auf der anderen Seite erscheint. Stecken Sie die Spitze in das zweite Brett, justieren Sie nach Bedarf und schrauben Sie dann die Bretter zusammen. (Schrauben: 35 mm)

5 Richten Sie die beiden Beinteile am Rahmen nach oben hin bündig aus. Befestigen Sie sie am unteren Ende mit je zwei Schrauben. Achten Sie darauf, links und rechts nicht zu verwechseln. (Schrauben: 25 mm)

6 Da wir uns im nächsten Schritt genauer mit den längeren hinteren Beinteilen befassen, werden sie hier zunächst lediglich mit einer einzigen Schraube an den Rahmen angeheftet. (Schrauben: 25 mm)

7 Stellen Sie die Bank auf ihre Beine und prüfen Sie, ob sie wackelt. Falls ja, korrigieren Sie nach Bedarf. Ziehen Sie anschließend alle Schrauben endgültig fest.

8 Um die mittleren Beine (**6, 7**) vorne und hinten zu befestigen, richten Sie sie am Rahmen aus und schrauben sie fest. Die mittleren Beine sollten keinesfalls länger sein als die rechts und links, damit nichts wackelt. (Schrauben: 25 mm)

9 Legen Sie die mittleren Leisten (**9**) an den Rahmen an. Stellen Sie sicher, dass alles in der Waage ist, und schrauben Sie dann die Leisten von der Seite an den Beinen fest. (Schrauben: 35 mm)

10 Breiten Sie die Bretter der Sitzfläche aus (**2**), überprüfen Sie ihre Position und befestigen Sie sie mit Messingnägeln. Jedes Brett muss mit vier Nägeln angeschlagen werden. (Messingnägel: 35 mm)

11 Legen Sie das Konstrukt auf die Werkbank, um die Rückenlehne (**1**) besser annageln zu können. Finden Sie die richtige Position für sie und nageln Sie sie fest. (Messingnägel: 25 mm)

12 Stellen Sie die Bank auf eine ebene Fläche und überprüfen Sie, ob sie wackelt. Falls ja, korrigieren Sie mit Schleifpapier oder Säge.

08

STABILE VERANDABANK

ZEIT 3 Stunden

LEVEL ●●○○○

Auf dieser einfachen Verandabank lässt es sich an einem Sommerabend schön im Freien sitzen. Im Innenbereich eignet sie sich für eine Wohnzimmerecke oder für die Diele, um die Schuhe an- und auszuziehen. Die Bank ist vielseitig einsetzbar. Wer genug Platz hat, kann gleich mehrere bauen und nach Wunsch anordnen. Die vier Beine bestehen aus dünnen Sugibrettern und sind in der Breite jeweils zwischen zwei Rahmenhölzern eingeklemmt. Die beiden Seitenteilkonstruktionen werden durch zwei weitere Rahmenhölzer und eine Mittelleiste in der Länge so stabilisiert, dass zwei Erwachsene gleichzeitig auf der Bank sitzen können. Der ursprüngliche Bauplan war für eine Zweisitzerbank gedacht, die sich zu einem Dreisitzer erweitern lässt, indem man die Sitzfläche um 500 mm verlängert und in der Mitte ein drittes Beinpaar einfügt.

1
Die Beine verlaufen nicht parallel, sondern neigen sich unten nach innen. Die so bewirkte Versteifung macht die Bank kippsicher. Die zurückweichenden Beine haben außerdem den Vorteil, dass man sich nicht die Zehen anstößt.

2
Von der Seite betrachtet bilden Beine und Rahmenleisten ein Rechteck. Diese Konstruktion bewirkt einen sehr soliden Unterbau. Um die Beine zusätzlich zu verstärken, sind sie außerdem zwischen zwei Rahmenhölzern eingeklemmt.

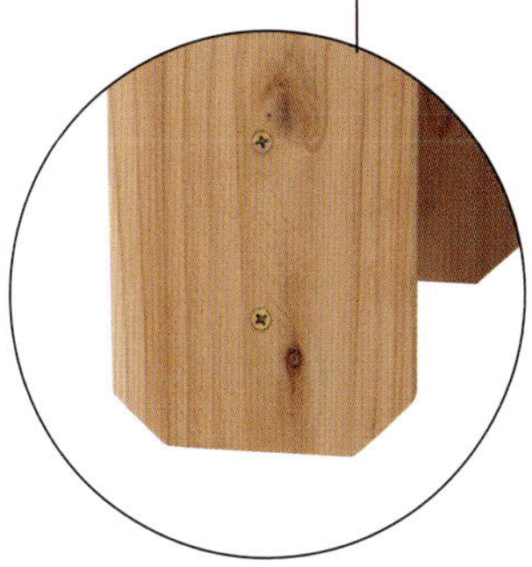

3
Die Beine sind unten abgeschrägt. Auf diese Weise kommt es nicht zu Beschädigungen, wenn das Möbelstück umgestellt oder verschoben wird.

4
Da übereinandergreifende Bauteile jeweils mit zwei möglichst weit voneinander entfernten Schrauben befestigt sind, ist der Aufbau sehr stabil.

Die rustikale Bank aus Sugiholz in der ursprünglichen Veröffentlichung.

BAUTEILE UND MATERIALIEN

S = Stärke
1 13 (S) x 90 x 900 mm: 6 Bretter
2 13 (S) x 90 x 350 mm: 5 Bretter
3 13 (S) x 90 x 315 mm: 4 Bretter
4 13 (S) x 90 x 280 mm: 2 Bretter
Auf die numerierten Teile oben wird sowohl bei den Bauplänen als auch in den Anweisungen Bezug genommen.

WERKZEUGE

Ryoba-Säge, Hammer, Zwingen, Lineal und Rollmaßband, Zimmermannswinkel, Anschlagwinkel und Schmiege, Akkuschrauber, Schrauben (35 mm, 25 mm), Messingnägel (35 mm), Handhobel, Schleifmaschine, Schleifpapier, Holzleim

GRÖSSE DER BAUTEILE

Maßstab: 1:10
Maßangaben in mm

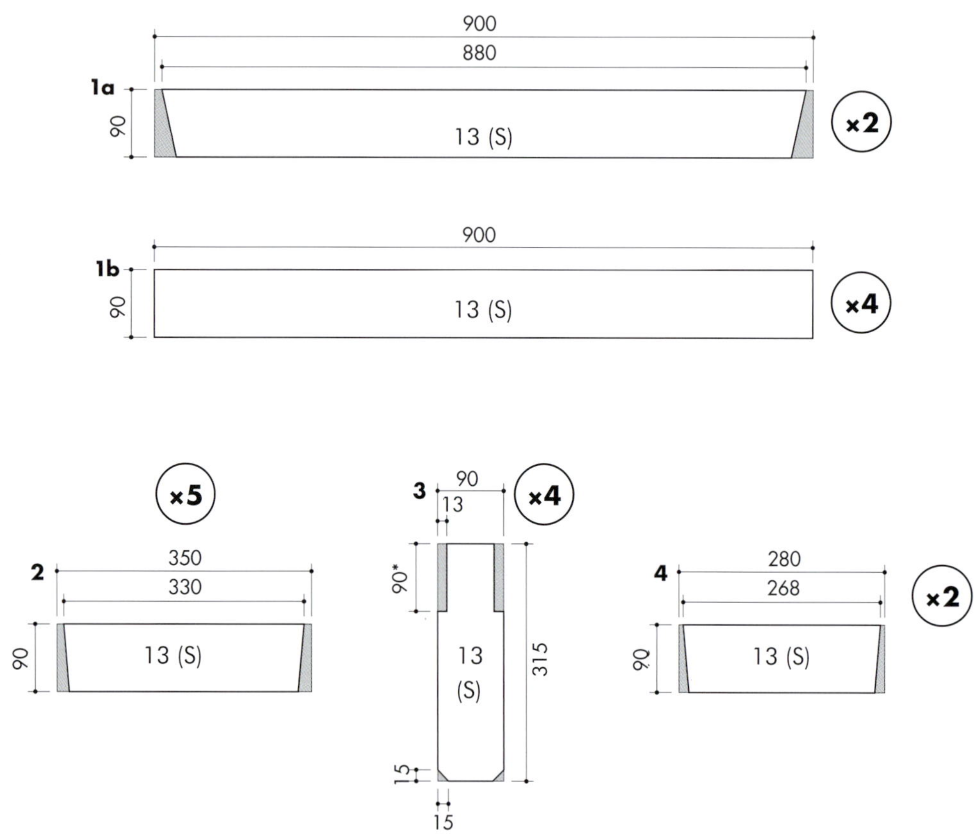

* Messen Sie die tatsächliche Breite jedes einzubauenden Teils nach.

BAUPLAN

Maßstab: 1:10

Maßangaben in mm

- ● Von der Seite einschrauben
- ● Von hinten einschrauben
- ○ Messingnagel
- ▸ Schraubrichtung (gegebenenfalls angegeben)

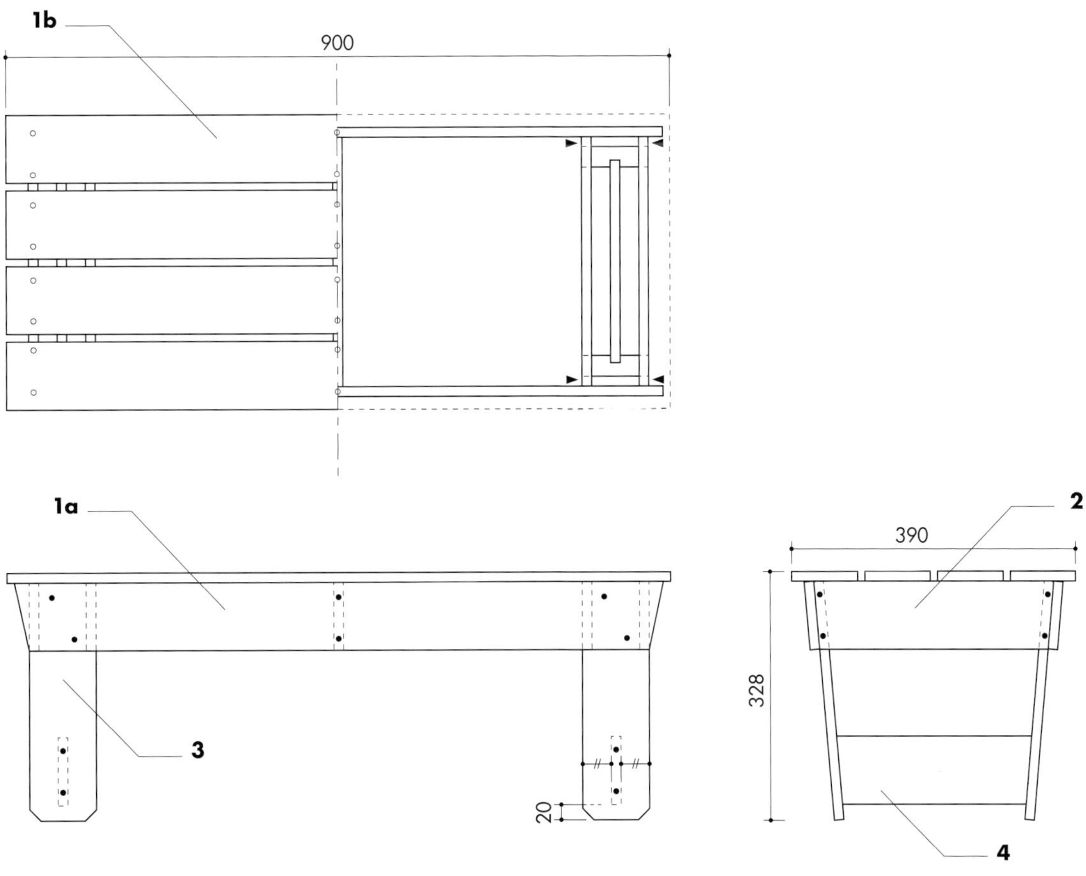

1 Nutzen Sie Anschlagwinkel und Schmiege, um Längen und Winkel auf die Hölzer zu übertragen. Der Zuschnitt kann mit einer Ryoba erfolgen.

2 Schneiden Sie in den Beinen (**3**) die vorgesehenen Nuten aus. Halten Sie die Säge dabei zunächst in einem flachen Winkel. Das Nuten fällt leichter, wenn man erst möglichst horizontal und dann immer vertikaler sägt.

3 Für das Nuten beginnen Sie in einem flachen Winkel und heben die Säge immer weiter an, bis Sie schließlich vertikal von unten nach oben sägen. Arbeiten Sie am Ende langsam, damit Sie nicht über die vorgezeichnete Linie kommen.

4 Nach dem Zuschnitt schleifen Sie alle Bauteile und brechen zum Schluss die Kanten mit dem Hobel. An den Ecken und entlang des Hirnholzes sollten Sie mit Schleifpapier arbeiten, da auch ein sorgsam geführter Hobel hier Schäden verursachen kann.

5 Legen Sie sich die Elemente für die Seitenteile (**2, 3, 4**) zurecht und überprüfen Sie zunächst, ob die Maße stimmen. Hilfreich ist es außerdem, die Schraubenpositionen schon anzuzeichnen.

6 Im ersten Schritt verbinden Sie die Beine mit der oberen Rahmenleiste. Beginnen Sie mit den unteren Schrauben. Überprüfen Sie dabei, ob der Winkel stimmt. (Schrauben: 35 mm)

7 Nach den Rahmenleisten befestigen Sie den Seitensteg. Richten Sie sich dabei nach der Position, die Sie in Schritt 5 festgelegt haben. (Schrauben: 25 mm)

8 Falls der Abschluss nach oben hin nicht ganz bündig sein sollte, arbeiten Sie mit dem Handhobel nach. Stellen Sie dabei die Spanstärke so klein wie möglich ein.

9 Verbinden Sie nun die Beinseitenteile mit den langen Rahmenhölzern (**1a**). Sorgen Sie nach oben für einen bündigen Abschluss. Die Befestigung erfolgt mit Schrauben. (Schrauben: 25 mm)

10 Fügen Sie das Mittelbrett (**2**) in das fertige Rahmengestell ein. Schrauben Sie es von außen an. (Schrauben: 35 mm)

11 Ordnen Sie die Bretter der Sitzfläche (**1b**) auf dem Bankgestell an. Überprüfen Sie ihre Position und befestigen Sie dann die Bretter jeweils an den Rändern mit sechs Nägeln. (Messingnägel: 35 mm)

12 Stellen Sie die Bank auf eine ebene Fläche und überprüfen Sie, ob sie wackelt. Falls ja, nutzen Sie Schleifpapier und Säge zum Korrigieren.

09 LEHNSTUHL MIT V-BEINEN

ZEIT 4,5 Stunden

LEVEL ●●●●○

Dieses ansprechende Sitzmöbel eignet sich ideal, um darin mit einer Tasse Kaffee und einem Buch zu entspannen. Dank seiner geräumigen Sitzfläche und seiner Armlehnen findet man leicht eine bequeme Position. Falls zu dem Stuhl ein Tisch gewünscht ist, empfehlen wir den „Couchtisch mit V-förmigen Beinen" (Seite 112). Von allen unseren Selbstbauangeboten in diesem Kapitel verlangt dieser Lehnstuhl den größten Aufwand und ist daher vor allem für erfahrene Hobbytischler geeignet.

Seine Form wirkt kompliziert, doch die Struktur ist eher einfach und beruht im Wesentlichen auf dem Prinzip der V-förmigen Beine, das bereits anderen unserer Möbel zugrunde liegt. Dieser Stuhl zeichnet sich insbesondere dadurch aus, dass seine Beine über die Sitzfläche hinausgehen und als Träger der Arm- und Rückenlehnen dienen. Wenn man sich zunächst einen Augenblick Zeit nimmt, um sich mit der Konstruktion auseinanderzusetzen, geht einem die Arbeit danach leicht von der Hand.

1
Die V-Form verteilt die Last, die auf dem Bein ruht, in zwei Richtungen. Deshalb ist der Stuhl sehr stabil, obwohl nur dünne Holzbretter zum Einsatz kommen.

2
So sieht die Sitzfläche von unten aus. Da sie relativ breit ist, sorgt eine Leiste für mehr Stabilität.

3
Der Aufbau wirkt kompliziert, ist aber tatsächlich recht einfach: V-förmige Beine setzen sich bis nach oben fort und bilden den Unterbau für Arm- und Rückenlehnen.

Der Stuhl mit stabilen und bequemen Armlehnen aus dem Originalbuch.

BAUTEILE UND MATERIALIEN

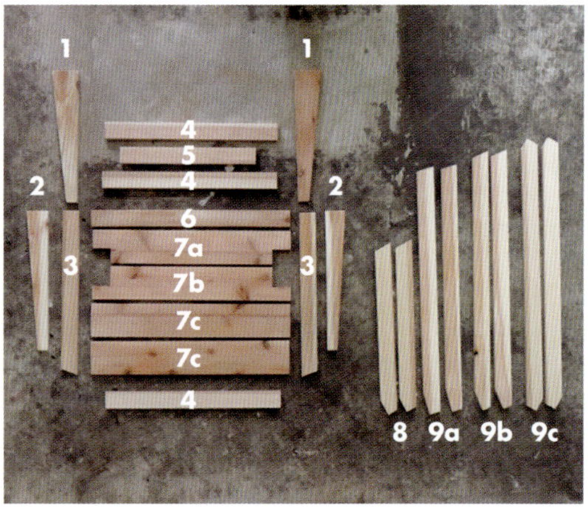

S = Stärke

1 13 (S) x 90 x 350 mm: 2 Bretter
2 13 (S) x 90 x 360 mm: 2 Bretter
3 13 (S) x 45 x 450 mm: 2 Leisten
4 13 (S) x 45 x 466 mm: 3 Leisten
5 13 (S) x 45 x 379 mm: 1 Leiste
6 13 (S) x 45 x 540 mm: 1 Leiste
7 13 (S) x 90 x 540 mm: 4 Bretter
8 13 (S) x 45 x 500 mm: 2 Leisten
9 13 (S) × 45 x 750 mm: 6 Leisten

Auf die numerierten Teile oben wird sowohl bei den Bauplänen als auch in den Anweisungen Bezug genommen.

WERKZEUGE

Ryoba-Säge, Zwingen, Lineal und Rollmaßband, Zimmermannswinkel, Anschlagwinkel und Schmiege, Akkuschrauber, Schrauben (3 mm, 25 mm), Messingnägel (35 mm), Handhobel, Schleifmaschine, Schleifpapier, Holzleim

GRÖSSE DER BAUTEILE

Maßstab: 1:10
Maßangaben in mm

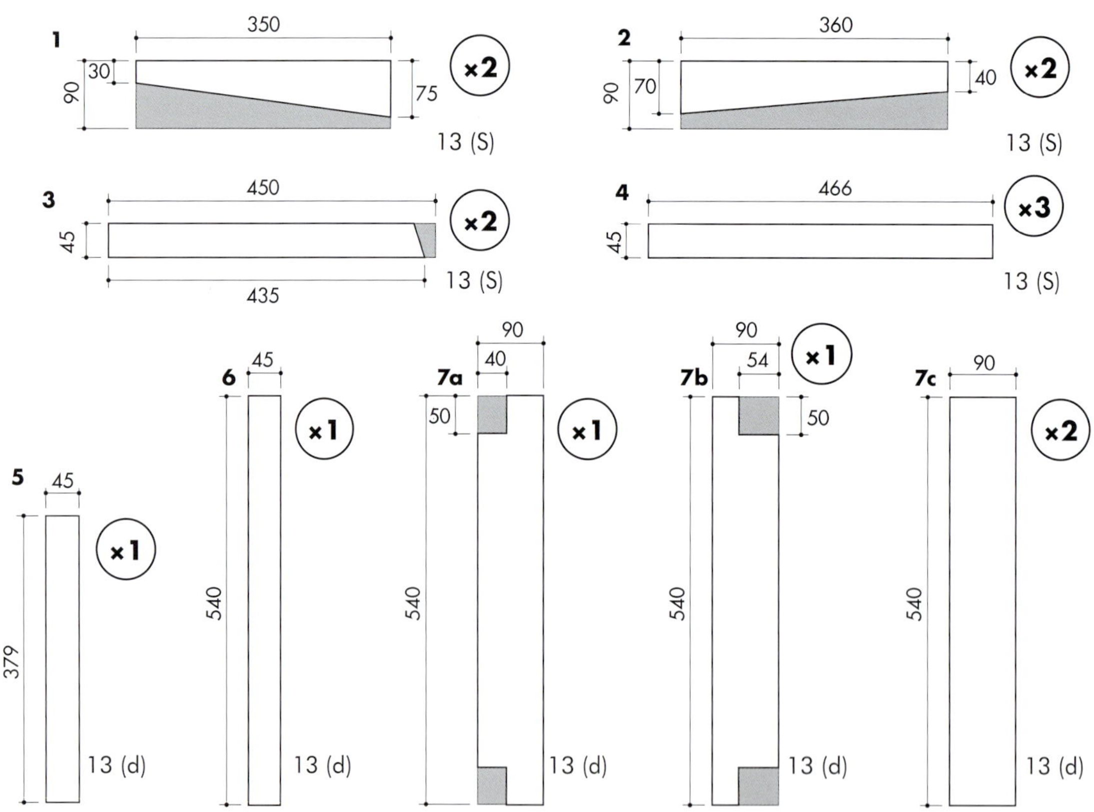

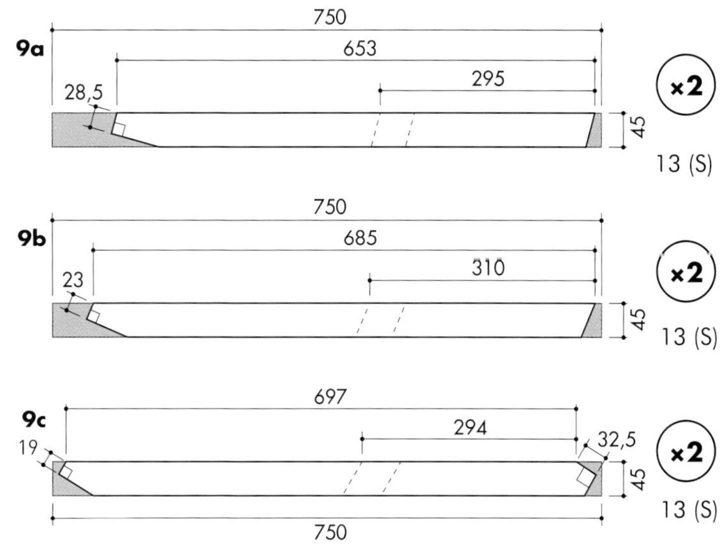

BAUPLAN

Maßstab: 1:10
Maßangaben in mm

- ● Von der Seite einschrauben
- ● Von hinten einschrauben
- ○ Messingnagel
- ► Schraubrichtung (gegebenenfalls angegeben)

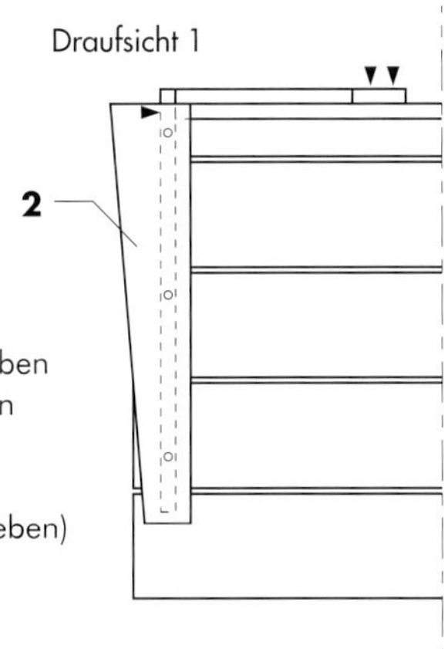

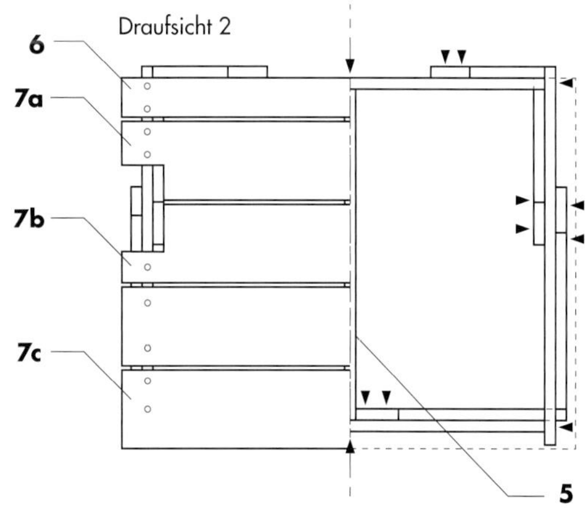

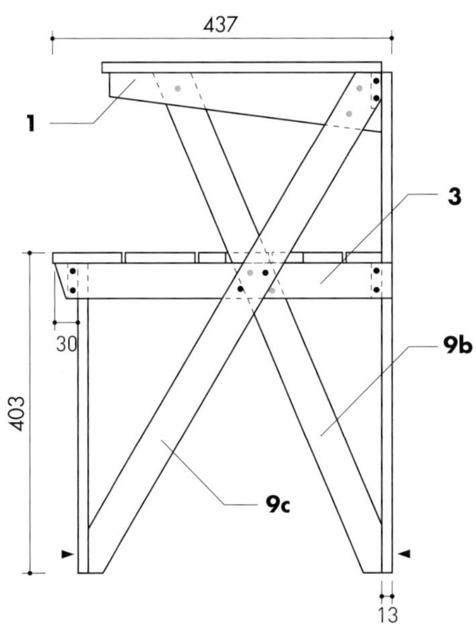

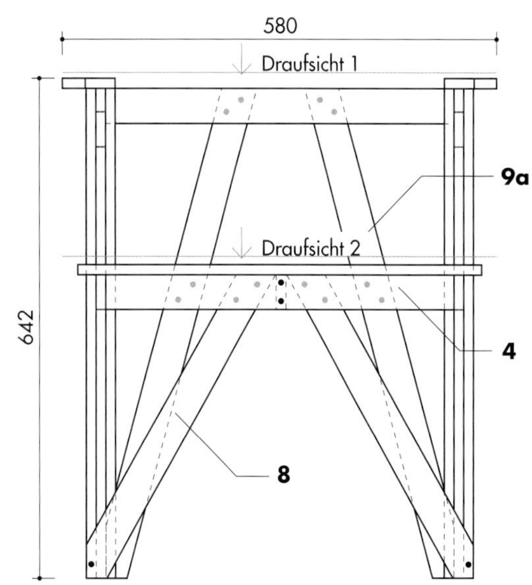

1 Verwenden Sie Anschlagwinkel und Schmiege, um die notwendigen Schnitte anzureißen. Im Anschluss nutzen Sie die Säge für den Zuschnitt.

2 Schneiden Sie an den Brettern der Sitzfläche (**7a, 7b**) die Nuten für die Lehnenträger aus. Sägen Sie zunächst eher horizontal und am Ende schließlich vertikal. Senken Sie die Säge dazu immer weiter ab, bis Sie bei Erreichen des Risses lotrecht zum Holz steht.

3 Nach dem Zuschnitt schleifen Sie alle Bauteile und brechen die Kanten mit dem Handhobel. Ecken und Hirnholzkanten sollten, um Schäden zu vermeiden, lieber mit Sandpapier bearbeitet werden.

4 Bauen Sie den Rahmen der Sitzfläche mit der Mittelstrebe (**3, 4, 5**). Stellen Sie sicher, dass die Seitenstege bündig positioniert sind, und schrauben Sie die Bretter zusammen. Zentrieren Sie die Mittelstrebe zwischen den Seitenstegen und schrauben Sie sie fest. (Schrauben: 35 mm)

5 Bauen Sie zwei Paare symmetrischer V-förmiger Beine (**8, 9a, 9b, 9c**) zusammen. Arbeiten Sie sorgfältig anhand des Bauplans, damit Sie die Überlappung nicht auf der falschen Seite anlegen.

6 Setzen Sie die Schrauben in das erste Brett, bis die Spitzen auf der Unterseite herausschauen. Legen Sie die Bretter richtig aufeinander, pressen Sie beide zusammen und schrauben Sie sie dann fest. (Schrauben: 35 mm)

7 Als Erstes richten Sie das vordere Brett des V-förmigen Beins bündig mit der Oberkante des Sitzrahmens und in Berührung mit der Mittelstrebe aus und befestigen es. (Schrauben: 25 mm)

8 Montieren Sie nacheinander alle vier Beine erst vorne, dann an den Seiten und schließlich hinten. Richten Sie den Rahmen auf die vorgezeichneten Markierungen an den Beinen aus und schrauben Sie sie fest. (Schrauben: 25 mm)

9 Für die Armlehnen (**1, 4**) befestigen Sie zunächst, wie hier gezeigt, die Rückenlehne an den Stützleisten. Die drei Hölzer müssen nach oben hin bündig abschließen. Schrauben Sie die Teile zusammen. (Schrauben: 35 mm)

10 Richten Sie die Bretter der Sitzfläche (**6, 7a, 7b, 7c**) auf dem Rahmen aus und nageln Sie jedes in allen vier Ecken fest. Die Nägel sollten dabei leicht schräg ins Holz getrieben werden. (Messingnägel: 35 mm)

11 Bringen Sie die oberen Enden der V-förmigen Beine mit dem U-förmigen Unterbau der Lehnen bündig zusammen. Dann schrauben Sie alles fest. (Schrauben: 25 mm)

12 Zum Schluss nageln Sie die Armlehnen (**2**) an. Stellen Sie die Bank auf eine ebene Fläche und überprüfen Sie, ob sie wackelt. Falls ja, korrigieren Sie mit Schleifpapier oder Säge. (Messingnägel: 35 mm)

10 NIEDRIGER SPERRHOLZSTUHL

ZEIT 3 Stunden
LEVEL ●●○○○

Dieser Stuhl war ursprünglich für Kinder gedacht, doch er hält auch Erwachsene gut aus. Er hat die richtige Höhe, um die Schuhe an- und auszuziehen oder im Garten zu arbeiten. Gemeinsam mit dem „Gartentisch mit V-förmigen Beinen" (Seite 106) gibt er ein perfektes Duo ab. Im Hinblick auf den Aufbau ist Sperrholz eine sehr probate Wahl. Als Sitzfläche trägt es zur Steifigkeit des Rahmens bei, und als hintere Verstärkung der Beine und Ersatz für eine seitliche Diagonale hindert es den Stuhl daran, seitwärts zu schwanken. Mit zwei Sperrholzflächen ist der Stuhl um ein Vielfaches solider. Auch wenn die Verarbeitung des Plattenmaterials besondere Genauigkeit verlangt, handelt es sich dennoch nur um zwei Platten, die man leicht zuschneiden und herrichten kann. Deshalb eignet sich der Stuhl hervorragend für ein Wochenendprojekt.

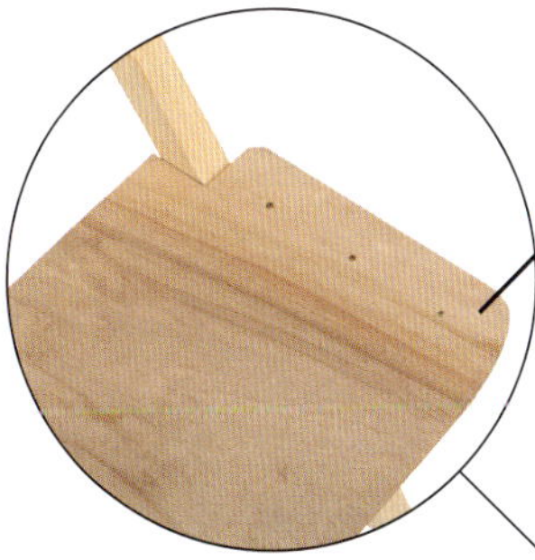

2
Für mehr Komfort
beim Sitzen werden
die Ecken abgerundet.

3
Die Beine, die sich nach oben hin in die Rückenlehne fortsetzen, bestehen nur aus dünnen Hölzern. Doch die Dreiecksverbindung unter dem Stuhl macht die Struktur stabil.

1
Das Sperrholz nützt dem Stuhl als Sitzfläche, weil es ihn stabiler und solider macht.

4
Der breite Steg aus Sperrholz auf der Rückseite sorgt für zusätzliche Seitenstabilität.

Die Verwendung von Sperrholz bei einem Kinderstuhl in der ursprünglichen Veröffentlichung.

BAUTEILE UND MATERIALIEN

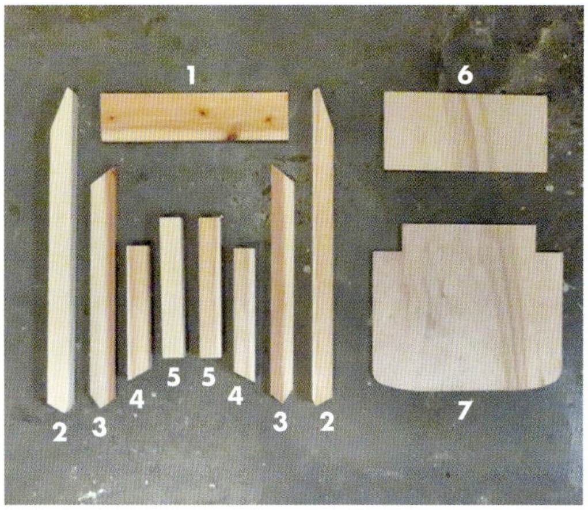

S = Stärke
1 13 (S) x 90 x 360 mm: 1 Brett
2 30 (S) x 40 x 610 mm: 2 Leisten
3 13 (S) x 45 x 470 mm: 2 Leisten
4 30 (S) x 40 x 260 mm: 2 Leisten
5 30 (S) x 40 x 276 mm: 2 Leisten
6 5,5 (S) x 150 x 336 mm: 1 Platte (Sperrholz)
7 5,5 (S) x 325 x 390 mm: 1 Platte (Sperrholz)
Auf die numerierten Teile oben wird sowohl bei den Bauplänen als auch in den Anweisungen Bezug genommen.

WERKZEUGE

Ryoba-Säge, Zwingen, Lineal und Rollmaßband, Zimmermannswinkel, Anschlagwinkel und Schmiege, Akkuschrauber, Schrauben (65 mm, 55 mm, 35 mm), Handhobel, Schleifmaschine, Schleifpapier, Holzleim

GRÖSSE DER BAUTEILE

Maßstab: 1:10
Maßangaben in mm

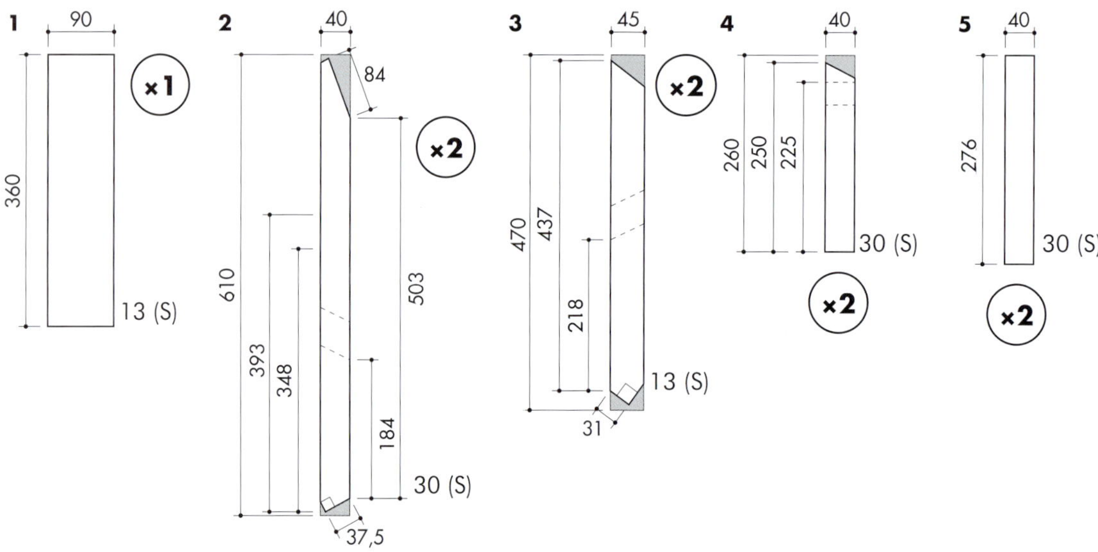

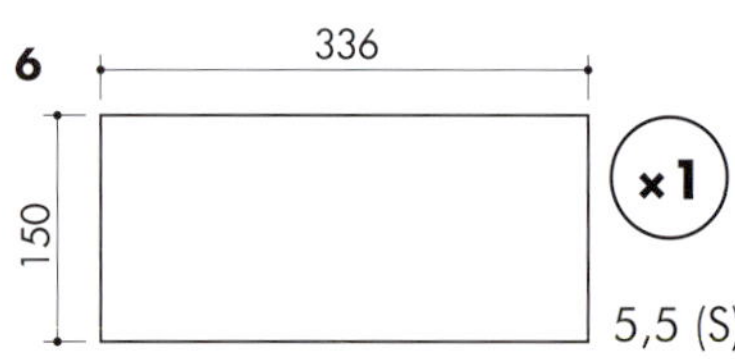

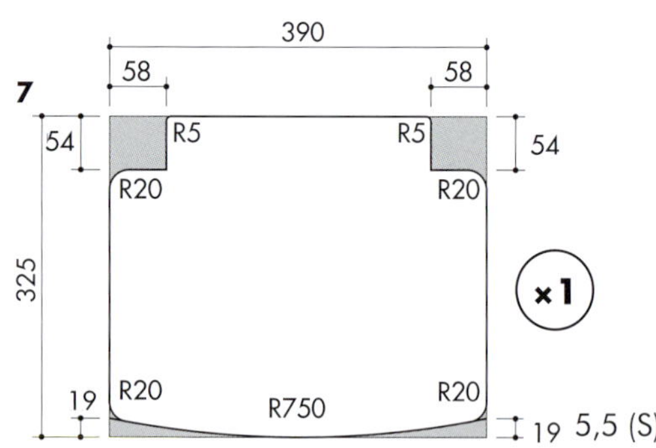

BAUPLAN

Maßstab: 1:8

Maßangaben in mm

- ● Von der Seite einschrauben
- ● Von hinten einschrauben
- ○ Messingnagel
- ► Schraubrichtung (gegebenenfalls angegeben)

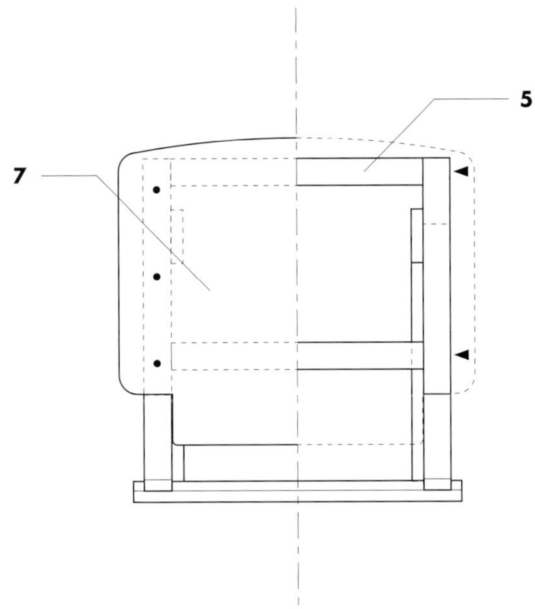

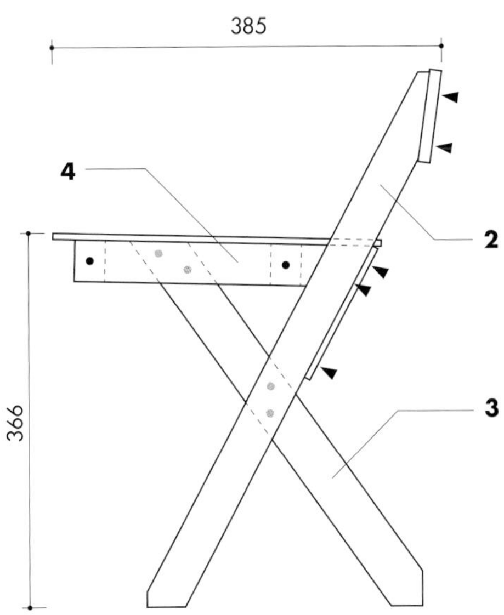

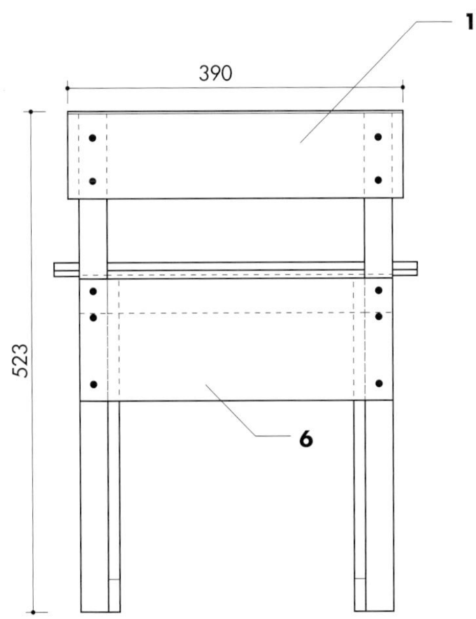

1 Reißen Sie mit Anschlagwinkel, Schmiege und Bleistift die notwendigen Schnitte an. Achten Sie darauf, dass alles richtig angezeichnet ist.

2 Setzen Sie Ihre Ryoba-Säge beim Zuschneiden nach Bedarf horizontal oder vertikal ein. Der Zuschnitt der rückwärtigen Platte sowie der Sitzfläche mit ihren Rundungen und ausgeklinkten Ecken für die Beine bedürfen beim Sägen besonderer Aufmerksamkeit.

3 Um die beiden Ecken für den Rahmen (**7**) auszuklinken, halten Sie die Säge zunächst fast waagerecht und richten sie schließlich gegen Ende des Risses bis zur Senkrechten auf. Schneiden Sie, bis Sie die angezeichnete Ecke erreichen.

4 Nach dem Zuschnitt schleifen Sie alle Bauteile und brechen die Kanten mit dem Handhobel. Ecken und Hirnholzkanten sowie die Kanten der Sperrholzplatten sollten, um Schäden zu vermeiden, lieber mit Sandpapier bearbeitet werden.

5 Bauen Sie den Rahmen (**4, 5**) zusammen, indem Sie die passenden Hölzer zunächst bündig ausrichten und dann zusammenschrauben. (Schrauben: 55 mm)

6 Montieren Sie die Vorder- und Hinterbeine (**2, 3**) X-förmig. Zeichnen Sie an, wo die Hölzer zusammenkommen. Drehen Sie die Schrauben so ein, dass sie hinten herausschauen, und fixieren Sie damit die Bretter (Schrauben: 35 mm)

7 Befestigen Sie die Vorderbeine am Sitzflächenrahmen. Um Position und Winkel der Schrauben zu bestimmen, legen Sie sie auf die Verbindung. Bohren Sie an der richtigen Stelle vor und drehen Sie die Schraube ein, während Sie die beiden Hölzer fest zusammenpressen. (Schrauben: 65 mm)

8 Nach der Montage der Beine an den Sitzflächenrahmen stellen Sie den Stuhl auf eine ebene Fläche und überprüfen, ob er wackelt. Falls ja, justieren Sie die Hinterbeine, bis alles stabil ist. Dann ziehen Sie die Schrauben endgültig fest.

9 Positionieren Sie die Rückenlehne (**1**) auf der Rückseite der Stuhlbeinverlängerungen. Bohren Sie zunächst die Schraubenlöcher vor und schrauben Sie die Lehne dann fest. (Schrauben: 35 mm)

10 Platzieren Sie die Sitzfläche (**7**) auf dem Rahmen. Entnehmen Sie dem Bauplan, wo genau die Schrauben zu setzen sind. Bohren Sie in der Sitzfläche vor und schrauben Sie dann endgültig fest. (Schrauben: 35 mm)

11 Befestigen Sie am Schnittpunkt von Sitz und Beinen die stützende Sperrholzplatte (**6**) an der Rückseite der hinteren Beine. Schrauben Sie die Platte an allen vier Ecken fest. (Schrauben: 35 mm)

12 Stellen Sie den Stuhl auf eine ebene Fläche und überprüfen Sie, ob er wackelt. Falls ja, korrigieren Sie mit Schleifpapier oder Säge.

02 TISCHE

Sobald Sie Ihren Lieblingsstuhl gebaut haben, möchten Sie vielleicht auch den passenden Tisch dazu anfertigen. Dieser Abschnitt enthält neun Vorschläge für Tische, die Sie mit den verschiedenen Stühlen aus dem ersten Kapitel kombinieren können. Es gibt sogar einen traditionellen niedrigen japanischen Teetisch (*Chabudai*) für einen Raum im japanischen Stil und einen Werktisch, der für Ihre Wochenenden als Hobbytischler nützlich ist.

01 **Runder Teetisch mit Sperrholzplatte, Seite 94**

02 **Beistelltisch mit Klemm-Beinen, Seite 100**

03 **Gartentisch mit V-Beinen, Seite 106**

04 **Teetisch mit V-Beinen, Seite 112**

05 **Beistell-Bücher-Tisch, Seite 118**

(06) **Schreibtisch mit Schublade, Seite 124**

(07) **Esstisch mit Klemm-Beinen, Seite 130**

(08) **Tischböcke mit V-Beinen, Seite 136**

(09) **Höhenvariable Tischgestelle, Seite 142**

01 RUNDER TEETISCH MIT SPERRHOLZPLATTE

ZEIT 3 Stunden
LEVEL ●●●○○

Dieser japanische Teetisch (*Chabudai*) hat ein ansprechendes Design, das sowohl in japanische als auch in europäische Räume passt. Die dünne Tischplatte und die schlanken, schräg stehenden Beine verleihen ihm eine moderne Anmutung. Die Tischplatte hat einen Durchmesser von 850 mm – genau richtig für zwei Personen. Zwar kann man die Beine nicht einklappen, doch ist der Tisch recht leicht und kann mühelos auf dem Dachboden verstaut werden, wenn Sie ihn gerade nicht brauchen.

Auf den ersten Blick scheint schwierig, die runde Platte aus Sperrholz zuzuschneiden. Doch wenn Sie eine Säge mit einem langen und flexiblen Blatt verwenden, ist es erstaunlich einfach. Möglicherweise verzieht sich die Sperrholzplatte mit der Zeit ein wenig, was jedoch die Funktion des Tisches nicht beeinträchtigt. Stützen Sie sich nicht an der Tischkante ab und stellen Sie keine schweren Gegenstände darauf, damit der Tisch nicht kippt.

1
Das Sperrholz ist nur 5,5 mm dick. Doch der kreuzweise Unterbau macht den Tisch recht stabil.

2
Indem Sie ein langes und biegbares Sägeblatt verwenden und langsam sägen, können Sie die Tischplatte ohne Verwendung von Elektrowerkzeug zuschneiden.

3
Das Zusammenschrauben der Klemm-Beine am unteren Ende übt Druck auf die anderen Bauteile des Untergestells aus und macht es sehr stabil.

4
Der Tisch besteht lediglich aus drei Komponenten. Die beiden Unterbauteile kreuzen einander in einer Kreuzkamm-verbindung.

Der leicht herzustellende Tisch mit geringster Teilezahl im Originalbuch.

BAUTEILE UND MATERIALIEN

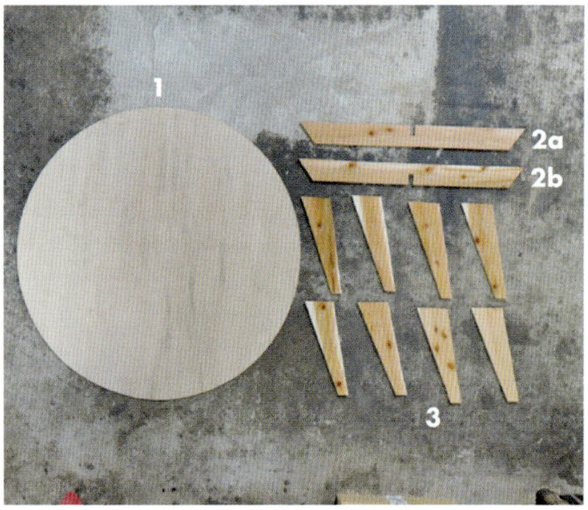

S = Stärke

1 5,5 (S) x 900 x 900 mm: 1 Platte (Sperrholz)

2 13 (S) x 90 x 680 mm: 2 Bretter

3 13 (S) x 90 x 330 mm: 8 Bretter

Auf die numerierten Teile oben wird sowohl bei den Bauplänen als auch in den Anweisungen Bezug genommen.

WERKZEUGE

Ryoba-Säge, Zwingen, Lineal und Rollmaßband, Zimmermannswinkel, Anschlagwinkel und Schmiege, Akkuschrauber, Schrauben (35 mm, 25 mm), Handhobel, Schleifmaschine, Schleifpapier, Holzleim

GRÖSSE DER BAUTEILE

Maßstab: 1:10
Maßangaben in mm
d = Durchmesser

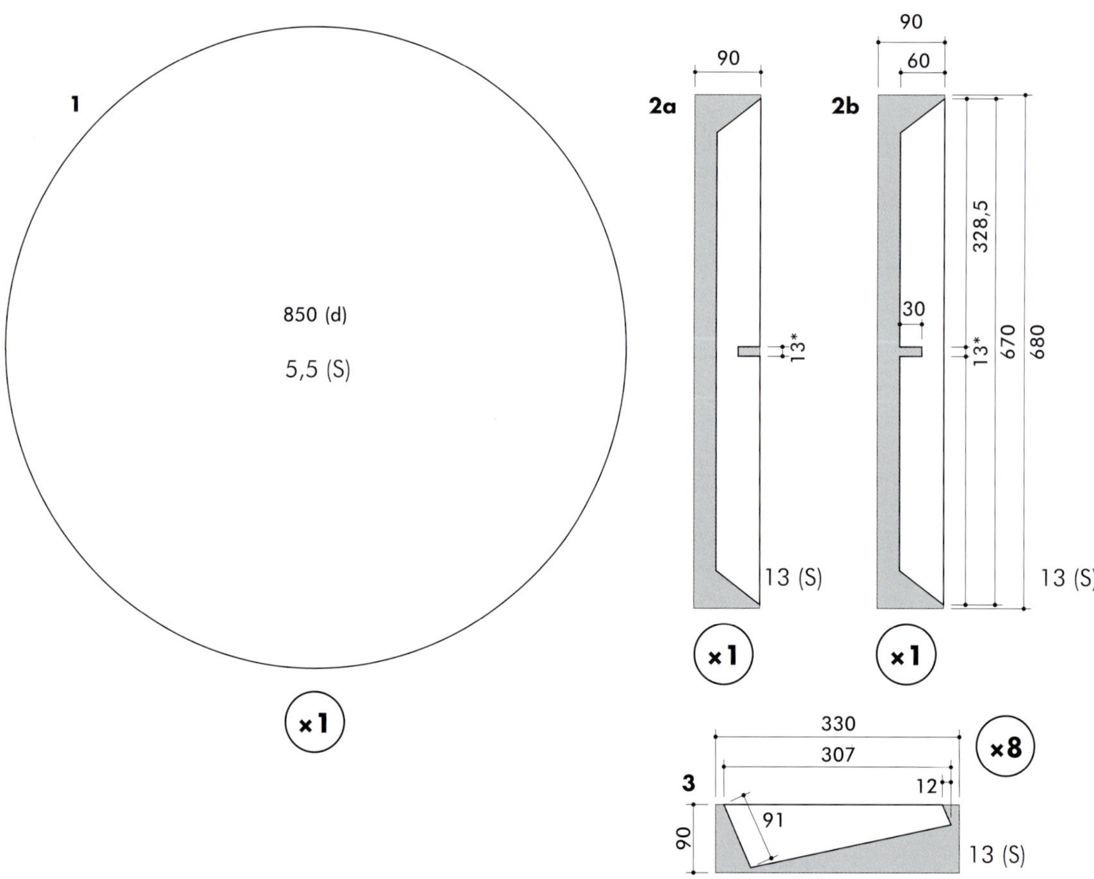

* Messen Sie die tatsächliche Breite jedes einzubauenden Teils nach.

BAUPLAN

Maßstab: 1:10
Maßangaben in mm
d = Durchmesser

- ● Von der Seite einschrauben
- ● Von hinten einschrauben
- ○ Messingnagel
- ▸ Schraubrichtung (gegebenenfalls angegeben)

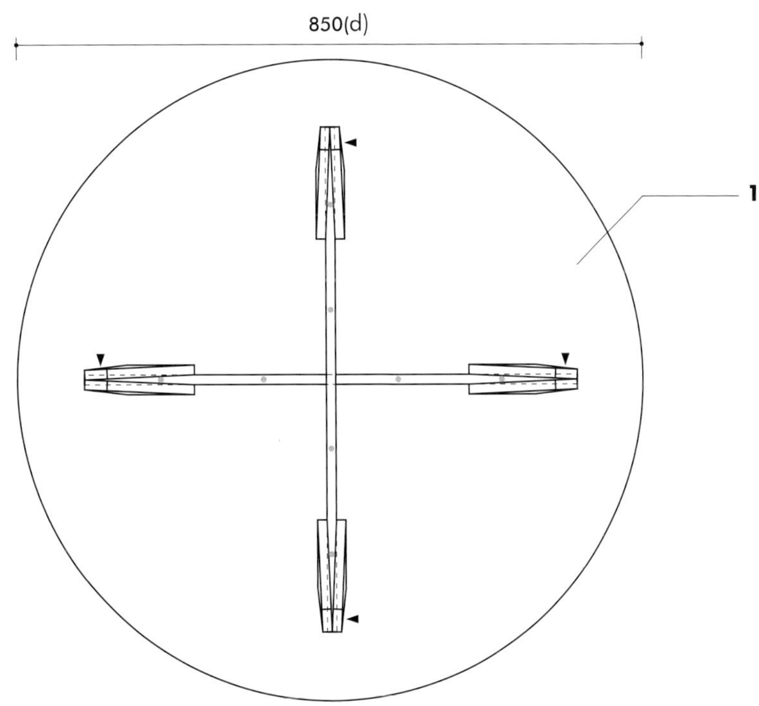

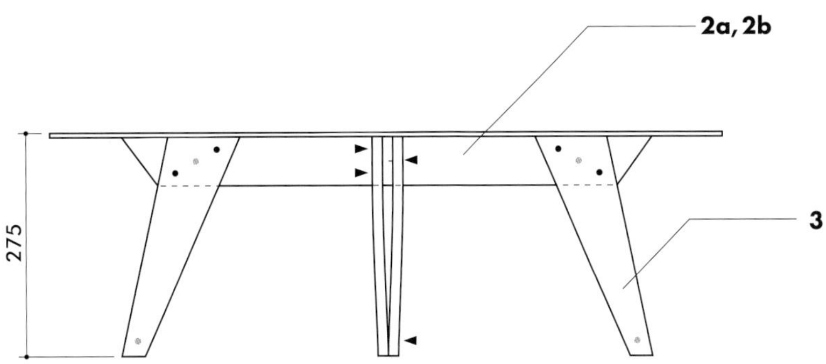

1 Fertigen Sie einen einfachen Zirkel an, um die Tischplatte (**1**) aufzuzeichnen. Hierzu drehen Sie eine Schraube in ein Ende einer langen Holzleiste. Markieren Sie die Länge des Radius auf der Leiste und ziehen Sie den Kreis, indem Sie den Bleistift an die Markierung halten.

2 Sägen Sie die Tischplatte (**1**) mit einem langen Sägeblatt aus. Achten Sie darauf, zwar in einem möglichst flachen Winkel zu sägen, das Werkzeug aber dennoch senkrecht zu halten und es zu biegen, um den Kreis schneiden zu können.

3 Nutzen Sie Anschlagwinkel und Schmiege, um die Beine (**3**) anzureißen. Erledigen Sie den Zuschnitt mit der Säge.

4 Sägen Sie die Bretter für das Untergestell aus (**2a, 2b**). Nutzen Sie für Längsschnitte die ganze Länge des Sägeblatts, um sich die Arbeit leichter zu machen. Nach dem Zuschneiden zeichnen Sie die beiden Nuten an.

5 Sägen Sie für die Nuten (**2a, 2b**) erst entlang der Risse. Dann setzen Sie noch einen Schnitt in die Mitte, um Luft beim Ausstemmen zu haben und Beschädigungen zu vermeiden.

6 Stellen Sie mithilfe eines Stemmeisens die Nuten her. Gehen Sie langsam und Stück für Stück vor. Zuletzt setzen Sie das Stemmeisen auf die Linie und treiben es für einen sauberen Abschluss mit einem Hammer.

7 Nach dem Zuschnitt schleifen Sie alle Teile sorgfältig und brechen die Kanten mit einem Handhobel. Ecken, Hirnholz- und Sperrholzkanten sollten mit Schleifpapier abgerundet werden, um Beschädigungen durch den Hobel zu vermeiden.

8 Für den Zusammenbau der Beinteile (**2a, 3**) legen Sie ein Untergestellbrett so zwischen zwei Beinstücke, dass es nach oben hin bündig abschließt. Drücken Sie die Teile fest aufeinander und schrauben Sie sie zusammen. (Schrauben: 25 mm)

9 Wiederholen Sie den Vorgang für das zweite Beinpaar (**2a, 3**). Überprüfen Sie, ob die beiden Nuten ineinanderpassen. Falls nicht, bessern Sie mit Schleifpapier oder einem Stemmeisen nach. (Schrauben: 25 mm)

10 Zeichnen Sie die Umrisse des Untergestells auf der Unterseite der Tischplatte vollständig an. Entfernen Sie den Unterbau und markieren Sie, wo Sie vorbohren möchten.

11 Zum Anbringen der Tischplatte bohren Sie zunächst die Löcher an den gekennzeichneten Positionen vor. Dann platzieren Sie die Platte und schrauben sie durch die vorgebohrten Löcher an das Untergestell. (Schrauben: 35 mm)

12 Stellen Sie den Tisch auf eine ebene Fläche und überprüfen Sie, ob er wackelt. Falls ja, korrigieren Sie das betreffende Bein durch Schleifen oder Sägen.

02

BEISTELLTISCH MIT KLEMM-BEINEN

ZEIT 3,5 Stunden
LEVEL ●●●○○

Von seiner Form her erinnert der niedrige Tisch entfernt an ein *Torii,* das traditionelle japanische Eingangstor zu einem Schrein. Ein genauer Blick auf die Beine zeigt, dass die Bauteile diagonal zusammengefügt sind. Mit seinen Maßen von 690 x 360 x 390 mm ist der Tisch recht kompakt. Das macht ihn zum idealen Serviertisch oder zu einem schönen Platz für ein Radio oder eine Zimmerpflanze.

Die charakteristisch geformten Beine sind gut durchdacht. Die Stützstreben ragen in einem steilen Winkel aus den Beinzwischenräumen heraus und sind kein Schmuck, sondern helfen bei der Lastverteilung. Auch wenn das Bauen des Tisches schwierig erscheinen mag: Da er aus nur drei Komponenten besteht, ist er gut machbar. Beim Stemmen der schrägen Nuten ist allerdings Präzision erforderlich. Achten Sie deshalb besonders genau auf die Anweisungen.

1
Die schmalen, nach oben gerichteten Stützleisten sind clever geformt. Sie lassen sehr schmale Beine zu und stützen die Tischplatte bis hinauf zur Außenkante.

2
Statt eines klassischen Rahmens hat der Tisch ein X mit einer Kreuzkammverbindung. Das geniale Design ermöglicht ein zierliches Untergestell und eine elegante Tischplatte.

3
Die Beinkonstruktionen bestehen lediglich aus drei unterschiedlichen Teilen.

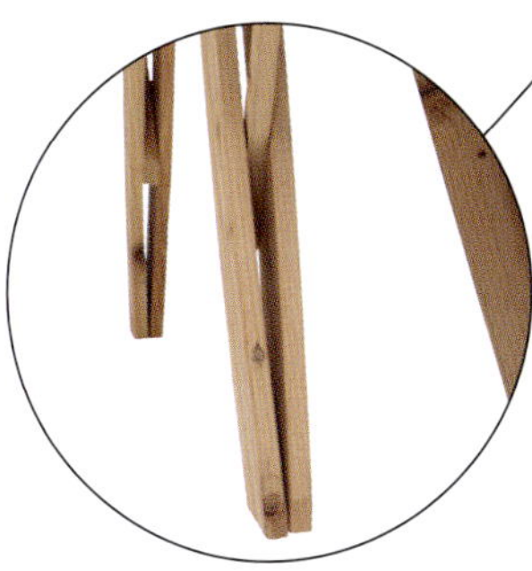

4
Das Zusammenschrauben der Klemm-Beine übt Druck auf die Bauteile aus und verleiht der Konstruktion noch mehr Stabilität.

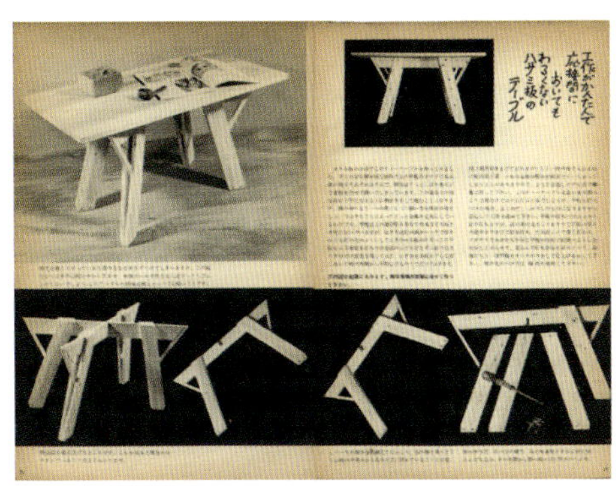

工作がかんたんで
応接間に
おいても
わるくない
ハサミ脚の
テーブル

Der leicht herzustellende Tisch aus dem Originalbuch.

BAUTEILE UND MATERIALIEN

S = Stärke

1 18 (S) x 180 x 690 mm: 2 Bretter

2 13 (S) x 90 x 660 mm: 2 Bretter

3 15 (S) x 15 x 275 mm: 4 Leisten

4 13 (S) x 90 x 420 mm: 8 Bretter

Auf die numerierten Teile oben wird sowohl bei den Bauplänen als auch in den Anweisungen Bezug genommen.

WERKZEUGE

Ryoba-Säge, Zwingen, Lineal und Rollmaßband, Zimmermannswinkel, Anschlagwinkel und Schmiege, Akkuschrauber, Schrauben (45 mm, 35 mm, 25 mm), Wellennägel, Handhobel, Schleifmaschine, Schleifpapier, Holzleim

GRÖSSE DER BAUTEILE

Maßstab: 1:10

Maßangaben in mm

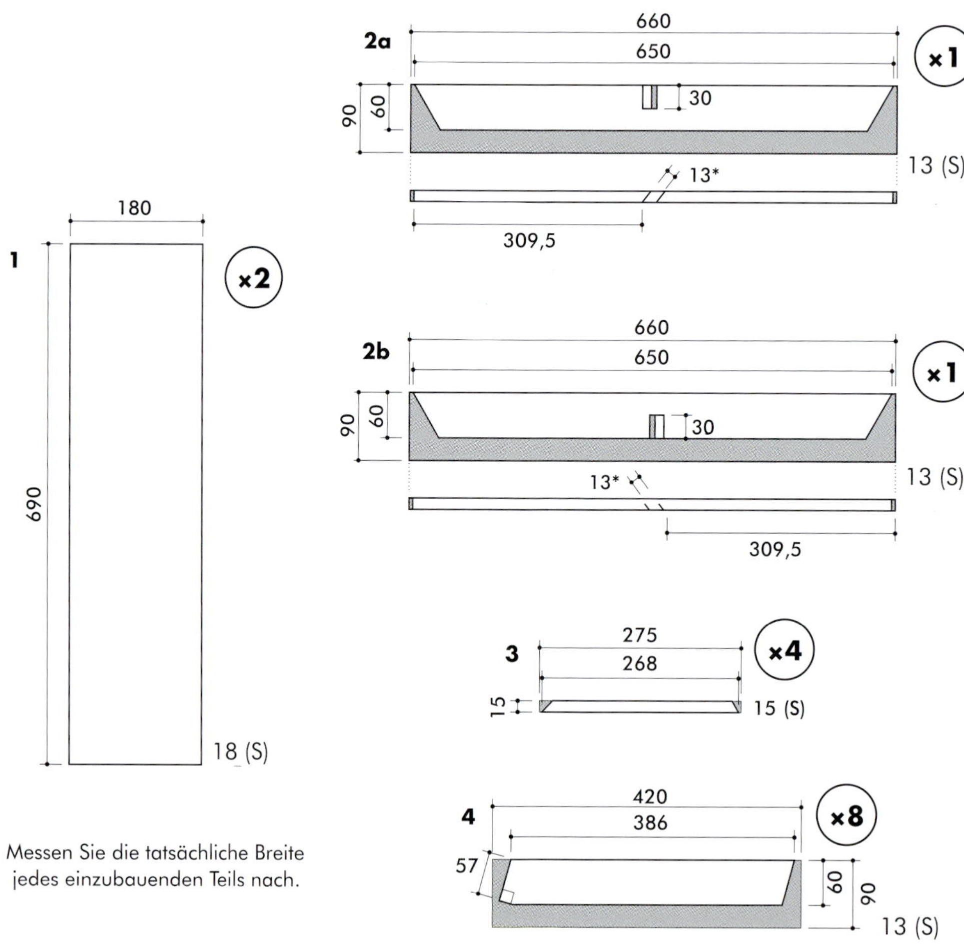

Messen Sie die tatsächliche Breite jedes einzubauenden Teils nach.

BAUPLAN

Maßstab: 1:18

Maßangaben in mm

- ● Von der Seite einschrauben
- ● Von hinten einschrauben
- ○ Messingnagel
- ▸ Schraubrichtung (gegebenenfalls angegeben)

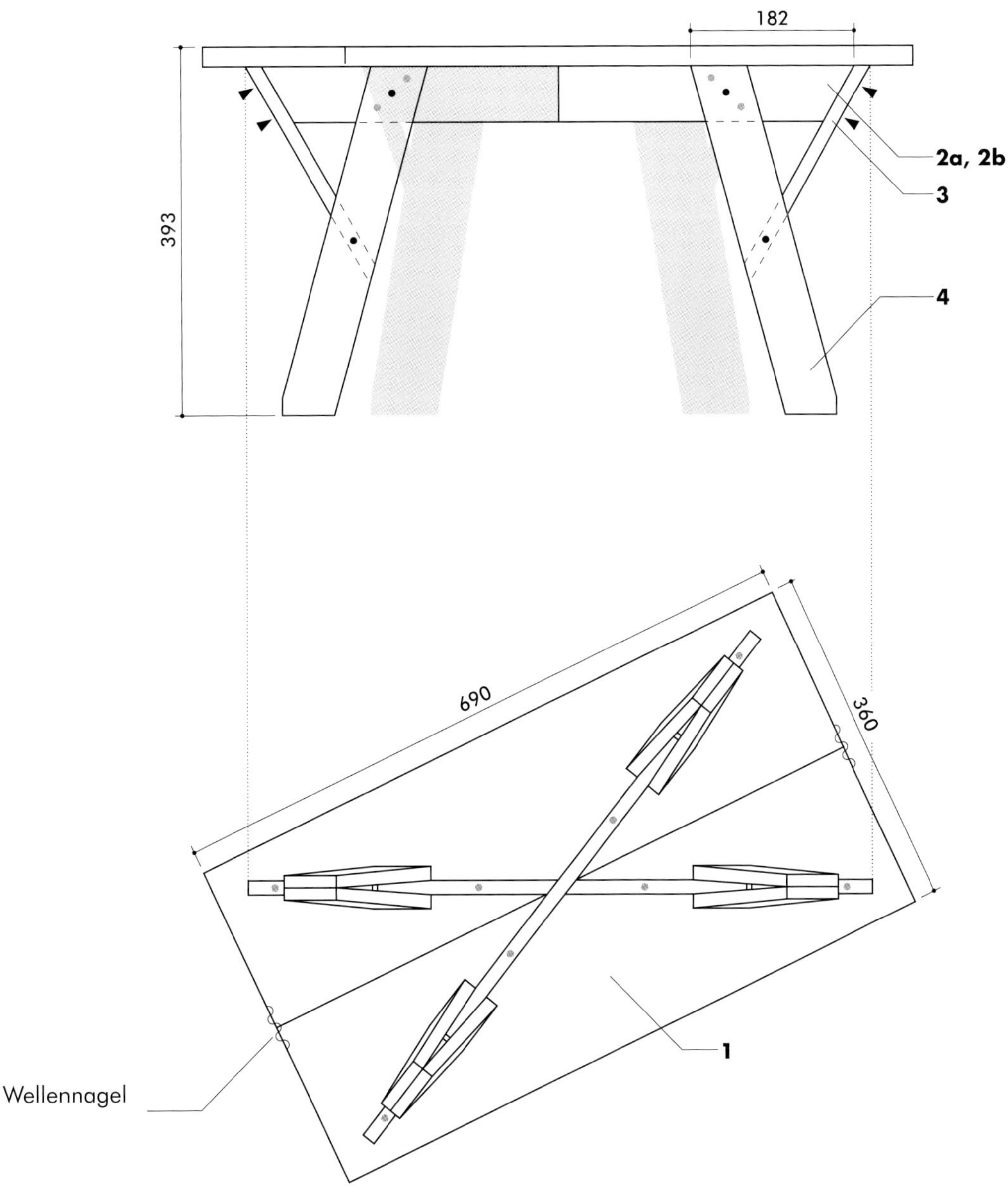

1 Nutzen Sie Anschlagwinkel und Schmiege, um Längen und Winkel auf die Hölzer zu übertragen. Markieren Sie alles sorgfältig. Erledigen Sie den Zuschnitt mit einer Säge.

2 Zeichnen Sie die Nuten (**2a, 2b**) an, indem Sie mit einer Schmiege den Riss bis zur Kante und dann auf die anschließende Fläche führen (siehe kleines Foto). Ermitteln Sie die Breite der Nut, indem Sie das kreuzende Bauteil darauflegen und abzeichnen.

3 Sägen Sie zunächst entlang der Risse und setzen Sie dann einen dritten Schnitt zwischen die beiden anderen, um sicher ausstemmen zu können.

4 Stemmen Sie die Nut vorsichtig Stück um Stück zwischen den Linien aus. Berücksichtigen Sie bei der Arbeit mit dem Beitel, dass die Nut schräg ist.

5 Nach dem Zuschnitt schleifen Sie alle Bauteile und brechen zum Schluss die Kanten mit dem Hobel. Arbeiten Sie an den Ecken und entlang des Hirnholzes mit Schleifpapier, um Hobelschäden zu vermeiden.

6 Bohren Sie die Löcher in den Stützleisten (**3**) mit einem Versenkbohrer vor. Die Position der Löcher sollte auf die Breite der Untergestellbretter abgestimmt sein

7 Bringen Sie die Stützleisten an den Untergestellbrettern an (**2a, 2b, 3**). Die Leiste ist recht dünn, also sorgen Sie mit der freien Hand für einen sicheren Verbund und schrauben Sie vorsichtig. (Schrauben: 35 mm)

8 Montieren Sie die beiden Beinpaare (**4**). Klemmen Sie das Untergestellbrett nach oben bündig und die Stützleiste zwischen die Beinstücke ein. Bohren Sie vor und schrauben Sie dann an. Schneiden Sie überstehendes Material ab. (Schrauben: 35 mm)

9 Pressen Sie die Beinenden (**4**) fest aufeinander und schrauben Sie sie eng zusammen. (Schrauben: 25 mm)

10 Positionieren Sie das Untergestell kopfüber auf der Tischplatte, richten Sie es aus und zeichnen Sie die Umrisse ab. Entfernen Sie das Gestell und kennzeichnen Sie die Schraubenlöcher.

11 Um die Tischplatte zu befestigen, bohren Sie die angezeichneten Löcher vor. Dann legen Sie die Tischplatte auf das Untergestell und schrauben es von oben fest. (Schrauben: 35 mm)

12 Stellen Sie den Tisch auf eine ebene Fläche und überprüfen Sie, ob er wackelt. Falls ja, korrigieren Sie das betreffende Bein durch Schleifen oder Sägen.

03

GARTENTISCH MIT V-BEINEN

ZEIT 4 Stunden
LEVEL ●●○○○

Diesen niedrigen Tisch kann man im Innenraum und an einem warmen Tag auch im Freien aufstellen. Die quadratische Tischplatte misst 750 x 750 mm. Die Vertiefung in der Mitte war für Blumen gedacht, aber es passt auch ein *Shichirin* hinein, ein kleiner japanischer Grill mit einem Durchmesser von höchstens 180 mm, eine gute Voraussetzung für eine *Yakiniku*-(Grill)-Party. Wer nicht auf dem Boden sitzen mag, kombiniert den Tisch mit dem niedrigen Sperrholzstuhl von Seite 86. Verglichen mit den anderen in diesem Kapitel ist die Konstruktion des Tisches recht einfach. Die Beine stellen eine Dreiecksverbindung dar, die von einer Seite diagonal und von der anderen gerade nach unten verläuft. Dieser „halbe" Winkelverbund macht die Beine sehr belastbar. Die Bauweise hat außerdem den Vorteil, dass die Tischbeine keine Abdrücke auf *Tatami*-Matten oder Teppichen hinterlassen.

1
Blick auf die Tischplatte von unten. Die beiden Stützleisten verleihen dem Aufbau zusätzliche Stabilität.

2
Die Aussparung in der Mitte kann einen Blumentopf oder einen japanischen Grill aufnehmen. (Der Durchmesser sollte weniger als 180 mm betragen.)

3
Das diagonale Bein (links) dient der Versteifung und das gerade (rechts) verhindert das Lehnen nach einer Seite. Die V-förmige Kombination der beiden Systeme macht das Schwanken zur Seite und Windschiefe unmöglich.

Der Gartentisch mit Blumentopf aus dem Originalbuch.

BAUTEILE UND MATERIALIEN

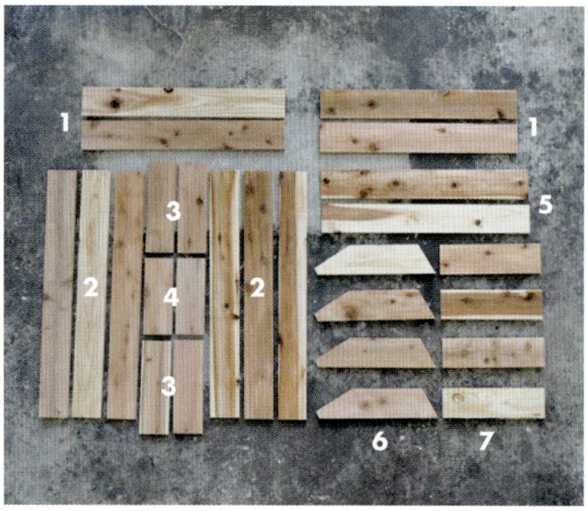

S = Stärke
1 13 (S) x 90 x 638 mm: 4 Bretter
2 13 (S) x 90 x 750 mm: 6 Bretter
3 13 (S) x 90 x 320 mm: 4 Bretter
4 13 (S) x 90 x 230 mm: 2 Bretter
5 13 (S) x 90 x 664 mm: 2 Bretter
6 13 (S) x 90 x 400 mm: 4 Bretter
7 13 (S) x 90 x 280 mm: 4 Bretter
Auf die numerierten Teile oben wird sowohl bei den Bauplänen als auch in den Anweisungen Bezug genommen.

WERKZEUGE

Ryoba-Säge, Zwingen, Lineal und Rollmaßband, Zimmermannswinkel, Anschlagwinkel und Schmiege, Akkuschrauber, Schrauben (35 mm, 25 mm), Messingnägel (35 mm), Handhobel, Schleifmaschine, Schleifpapier, Holzleim

GRÖSSE DER BAUTEILE

Maßstab: 1:10
Maßangaben in mm

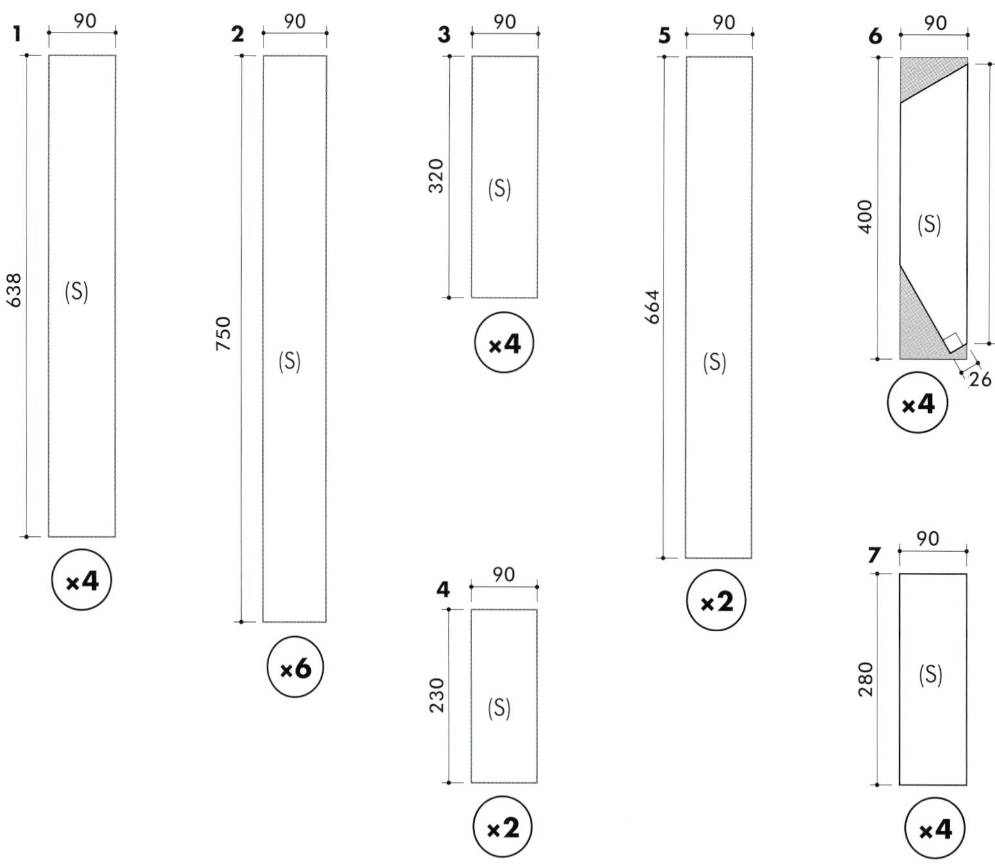

BAUPLAN

Maßstab: 1:10

Maßangaben in mm

- ● Von der Seite einschrauben
- ● Von hinten einschrauben
- ○ Messingnagel
- ► Schraubrichtung (gegebenenfalls angegeben)

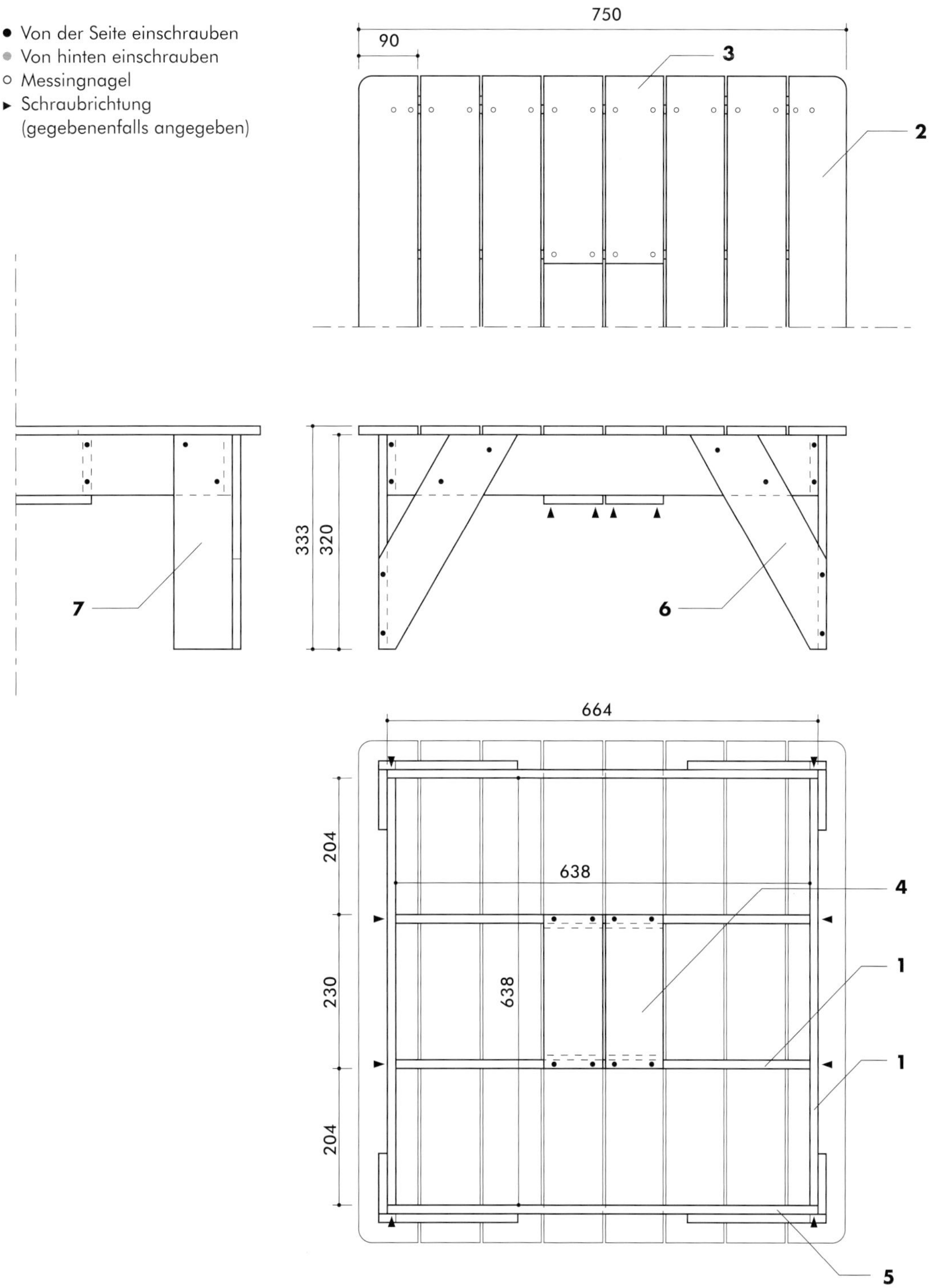

1 Nutzen Sie Anschlagwinkel und Schmiege, um Längen und Winkel mit einem Bleistift auf die Hölzer zu übertragen. Der Zuschnitt erfolgt mit einer Säge.

2 Sägen Sie die Ecken der äußeren Tischplattenbretter (**2**) ab. Machen Sie dann immer kleinere Schnitte, bis Sie eine Rundung erzielt haben. Zum Schluss glätten Sie die Kanten mit Schleifpapier.

3 Nach dem Zuschnitt schleifen Sie alle Bauteile und brechen zum Schluss die Kanten mit dem Hobel. An den Ecken und entlang des Hirnholzes ist es besser, mit Schleifpapier zu arbeiten.

4 Für den Rahmen stellen Sie zunächst zwei L-förmige Strukturen her und verbinden sie, indem Sie die Bauteile (**1**) und (**5**) verschrauben. Bohren Sie die Löcher vor, um unerwünschtes Ausreißen zu vermeiden. (Schrauben: 35 mm)

5 Bauen Sie die beiden Stützstreben (**1**) im Inneren des Rahmens ein. Überprüfen Sie die Positionierung anhand des Bauplans und zeichnen Sie sie an. Pressen Sie die Teile beim Anschrauben fest und lückenlos zusammen. (Schrauben: 35 mm)

6 Montieren Sie die beiden Paare symmetrischer V-Beine (**3, 6**). Halten Sie sich an den Bauplan, damit Sie die Beine unten nicht falsch zusammenschrauben. (Schrauben: 35 mm)

7 Bauen Sie das erste der vier V-Beine von außen an den Rahmen. Achten Sie im oberen Bereich auf Bündigkeit. Dann ziehen Sie die Schrauben an. (Schrauben: 25 mm)

8 Wiederholen Sie den Vorgang für die übrigen drei V-Beine. Vergewissern Sie sich, dass ihre Positionierung stimmt, bevor Sie die Beine anschrauben.

9 Legen Sie alle Tischplattenbretter an ihren Platz (**2, 7**). Achten dabei auf gleiche Abstände. Wenn die Bretter richtig positioniert sind, markieren Sie auf jedem den oberen Rand des Rahmens.

10 Nageln Sie die Bretter an. Sollten sich an der Stelle Äste befinden und Sie durch das Hämmern verursachte Schäden befürchten, bohren Sie vor und treiben Sie die Nägel anschließend vorsichtig ein. (Messingnägel: 35 mm)

11 Bringen Sie auf der Unterseite des Tisches die Bodenbretter (**4**) der Aussparung an. (Schrauben: 35 mm)

12 Stellen Sie den Tisch auf eine ebene Fläche und überprüfen Sie, ob er wackelt. Falls ja, korrigieren Sie das betreffende Bein durch Schleifen oder Sägen.

04

TEETISCH MIT V-BEINEN

ZEIT 3,5 Stunden
LEVEL ●●●●○

Dieser niedrige Teetisch passt zum „Stuhl mit V-Beinen“ (Seite 44) und zum „Lehnstuhl mit V-Beinen“ (Seite 80). An dem 630 x 630 mm großen Tisch können zwei Personen bequem Platz nehmen. Zusammen mit zwei Stühlen und mit Blick in den Garten auf einer Veranda oder Terrasse wird er zu einer kleinen Wohlfühloase. Wenn Ihnen die dünne Tischplatte Sorgen macht, seien Sie versichert, dass es sich hierbei um einen der stabilsten Tische in diesem Buch handelt. Der Rahmen mit den zusammengesteckten Eckverbindungen trägt und hält die Platte mühelos. Die V-Form der Beine verteilt die Last. Der Schwierigkeitsgrad des Tischs wird mit 4 angegeben, weil der passgenaue Zusammenbau der genuteten Eckverbindungen ein wenig Übung erfordert.

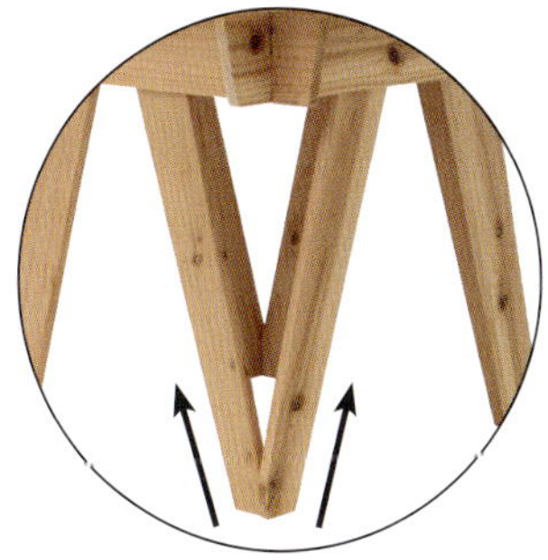

1

Der Rahmen stützt die Tischplatte bis fast zur Kante und verhindert jegliches Verziehen. Er (ver)trägt es auch, wenn man schwere Gegenstände auf einer der Ecken abstellt.

2

Die V-Form der Beine verteilt die Last von unten nach oben in zwei Richtungen. Deshalb sind die Beine trotz der verwendeten dünnen Bretter sehr stabil.

3

Mit den in einem flachen Winkel abgesetzten Rahmenenden des Möbelstücks wirkt der Tisch stilvoll und durchdacht.

Der elegante Teetisch mit den dreieckigen Beinen in der ursprünglichen Veröffentlichung.

BAUTEILE UND MATERIALIEN

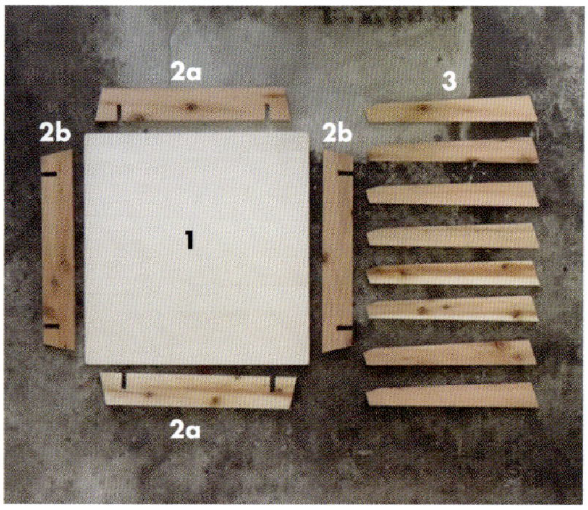

S = Stärke

1 5,5 (S) x 630 x 630 mm: 1 Platte (Sperrholz)

2 13 (S) x 90 x 580 mm: 4 Bretter

3 13 (S) x 90 x 500 mm: 8 Bretter

Auf die numerierten Teile oben wird sowohl bei den Bauplänen als auch in den Anweisungen Bezug genommen.

WERKZEUGE

Ryoba-Säge, Zwingen, Lineal und Rollmaßband, Zimmermannswinkel, Anschlagwinkel und Schmiege, Akkuschrauber, Schrauben (35 mm, 25 mm), Handhobel, Schleifmaschine, Schleifpapier, Holzleim

GRÖSSE DER BAUTEILE

Maßstab: 1:10

Maßangaben in mm

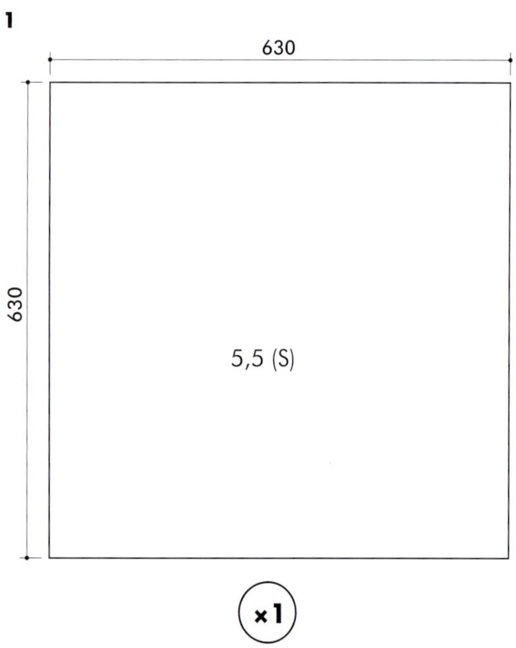

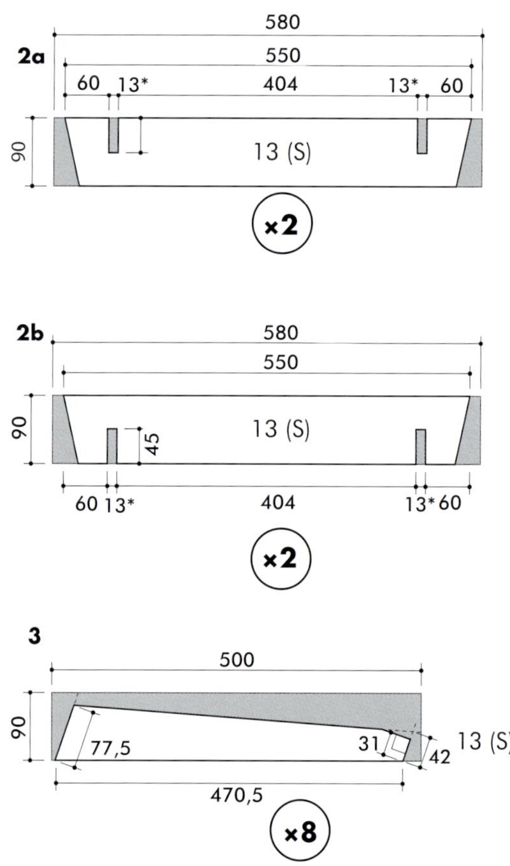

* Messen Sie die tatsächliche Breite jedes einzubauenden Teils nach.

BAUPLAN

Maßstab: 1:8

Maßangaben in mm

- ● Von der Seite einschrauben
- ● Von hinten einschrauben
- ○ Messingnagel
- ► Schraubrichtung (gegebenenfalls angegeben)

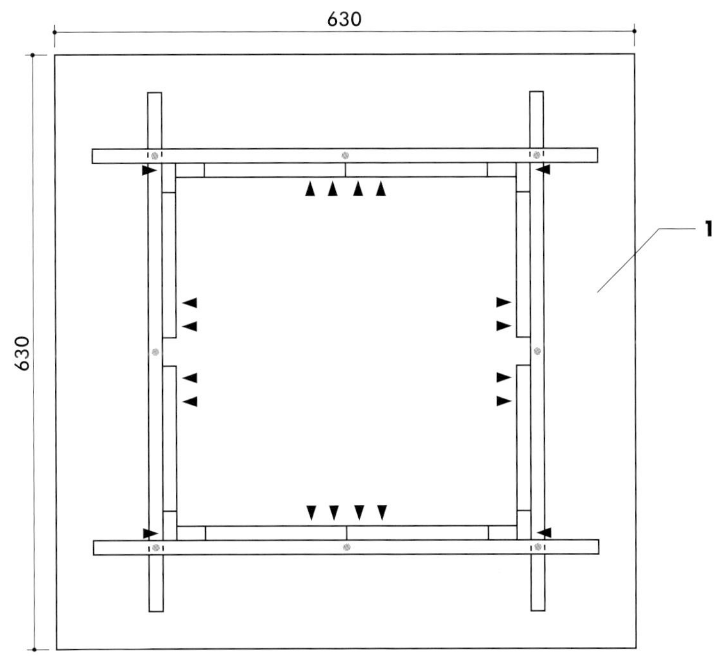

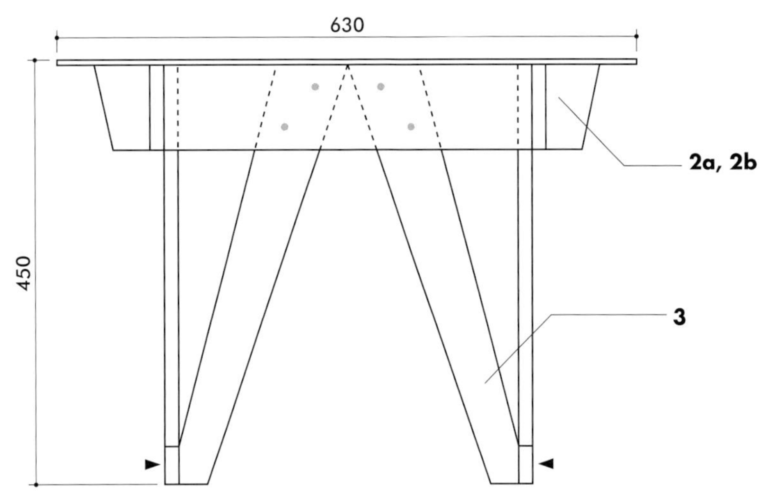

1 Zeichnen Sie mithilfe von Anschlagwinkel, Schmiege und einem Bleistift die Dimensionen der Bauteile genau an und schneiden Sie sie anschließend mit der Säge zu.

2 Schneiden Sie die Nuten (**2a, 2b**) entlang der Risse ein. Mit einem dritten Schnitt in der Mitte, erleichtern Sie sich das anschließende Ausstemmen.

3 Falls sich das dünne Bauteil nicht gut einspannen lässt, befestigen Sie ein Kantholz mit einer Zwinge an der Werkbank und nutzen es beim Sägen als Widerlager.

4 Stemmen Sie sorgsam die vorgesägten Nuten zwischen den Strichen aus (**2a, 2b**). Zum Schluss stellen Sie das Stemmeisen genau auf den Strich und schlagen vorsichtig mit dem Hammer darauf, um die letzten Späne zu entfernen.

5 Schneiden Sie die Bauteile für die Beine zu (**3**). Das Sägen der Länge nach geht besonders leicht von der Hand, wenn Sie die Säge in einem flachen Winkel halten und das Blatt in seiner ganzen Länge arbeiten lassen.

6 Fügen Sie die vier V-Beine (**3**) zusammen. Drehen Sie die Schrauben in das erste Bauteil, bis sie unten hervorschauen. Fixieren Sie mit den Spitzen das erste Bauteil auf dem zweiten und schrauben Sie es unter Druck fest. (Schrauben: 35 mm)

7 Stellen Sie mithilfe des Bauplans sicher, dass die Bauteile richtig herum montiert sind.

8 Stecken Sie die zusammengehörigen Nuten der Rahmenhölzer (**2a, 2b**) ineinander. Falls die Fügung zu stramm ist, nutzen Sie ein Holzstück als Abstandshalter und schlagen mit dem Hammer vorsichtig und gleichmäßig auf die Seitenteile.

9 Bringen Sie die V-Beine am Rahmen an. Entnehmen Sie dem Bauplan die genaue Positionierung. Vergewissern Sie sich, dass Rahmen und Beine oben bündig sind, und schrauben Sie die Beine von innen fest. (Schrauben: 25 mm)

10 Platzieren Sie die Unterkonstruktion kopfüber auf der Tischplatte und zeichnen Sie die Position an, indem Sie die Kontur mit dem Bleistift nachziehen. Legen Sie fest, wo die Schraubenlöcher sein sollen.

11 Bohren Sie die markierten Löcher für die Tischplatte vor. Legen Sie die Tischplatte auf das Gestell und drehen Sie die Schrauben in die vorgebohrten Löcher. (Schrauben: 45 mm)

12 Stellen Sie den Tisch auf eine ebene Fläche und überprüfen Sie, ob er wackelt. Falls ja, korrigieren Sie das betreffende Bein mit Schleifpapier oder Säge.

05 BEISTELL-BÜCHER-TISCH

ZEIT 3,5 Stunden
LEVEL ●●○○○

Dieser kleine Beistelltisch bietet jede Menge Stauraum. Leseratten werden das Möbelstück lieben, denn seine Fächer bieten auf beiden Seiten Platz für Bücher, auch in großen Formaten. Da die Bände mit sichtbarem Rücken zum Mittelteil des Beistelltischs geneigt stehen, fallen Sie nicht heraus, wenn Sie das Möbel einmal woanders hinstellen wollen. Und die Tasse Tee, die Sie beim Lesen genießen, stellen Sie auf Tischplatte ab.

Wenn man den Büchertisch komplett mit Büchern füllt, wird er recht schwer. Aber weil seine Hauptbauteile relativ dicke, in L-Form verschraubte Bretter sind, ist der Aufbau insgesamt stabil. Auch die zierlich wirkenden Beine an der Regalrückseite vertragen einiges an Gewicht. Die Kanthölzer für die Beine sind klein und erhalten eine komplexe Form. Achten Sie deshalb darauf, sie beim Zuschneiden fest einzuspannen.

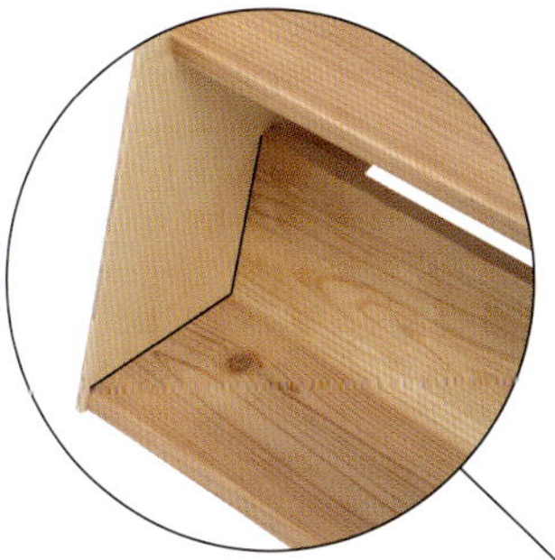

1
Weil die L-förmigen Fächer leicht gekippt eingebaut sind, stehen die Bücher sicher. Die Anordnung verringert auch die Wahrscheinlichkeit, dass die Lektüre beim Umstellen des Tischs herausfallen könnten.

2
Da die L-förmigen geneigten Fächer die tragenden Teile sind, reicht dünnes Sperrholz für die Seiten aus und verleiht dem Möbel mehr Leichtigkeit.

3
Dank der ausgeschnittenen Griffe lässt sich das Tischchen leicht umstellen.

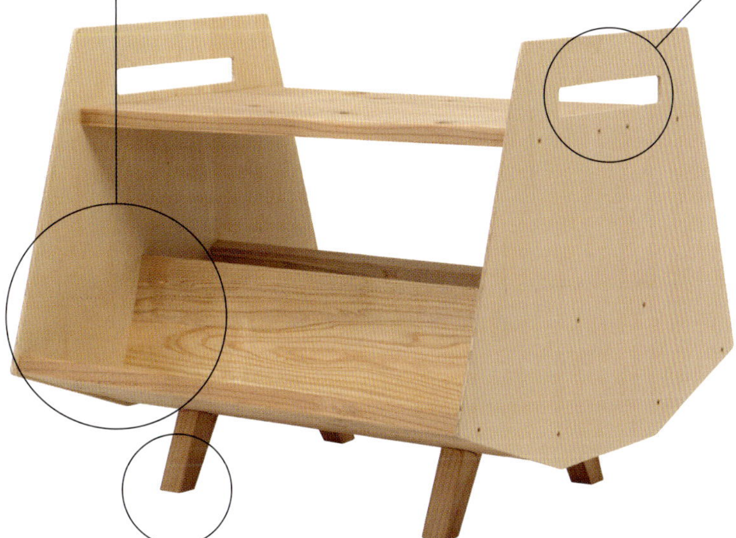

4
Auch wenn die Beine zierlich wirken: Sie sind direkt an die Fächer montiert und halten deshalb einiges an Gewicht aus.

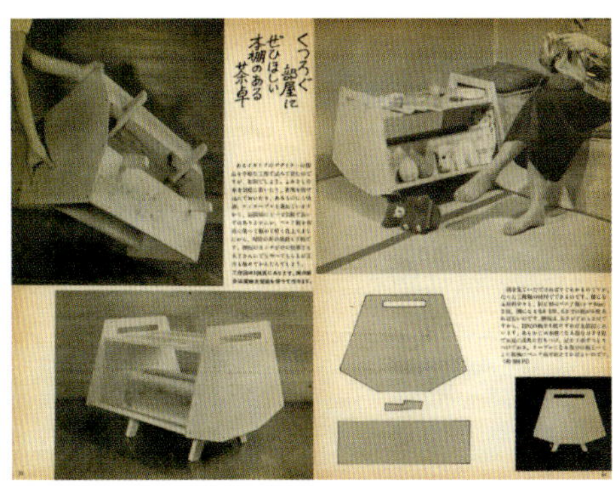

Der Beistelltisch mit integriertem Regal für einen Entspannungsort aus dem Originalbuch.

BAUTEILE UND MATERIALIEN

S = Stärke

1 5,5 (S) x 445 x 580 mm: 2 Platten (Sperrholz)

2 18 (S) x 180 x 600 mm: 6 Bretter

3 30 (S) x 40 x 240 mm: 4 Leisten

Auf die numerierten Teile oben wird sowohl bei den Bauplänen als auch in den Anweisungen Bezug genommen.

WERKZEUGE

Ryoba-Säge, Stichsäge, Zwingen, Lineal und Rollmaßband, Zimmermannswinkel, Anschlagwinkel und Schmiege, Akkuschrauber, Schrauben (45 mm, 25 mm), Wellennägel, Handhobel, Schleifmaschine, Schleifpapier, Holzleim

GRÖSSE DER BAUTEILE

Maßstab: 1:8

Maßangaben in mm

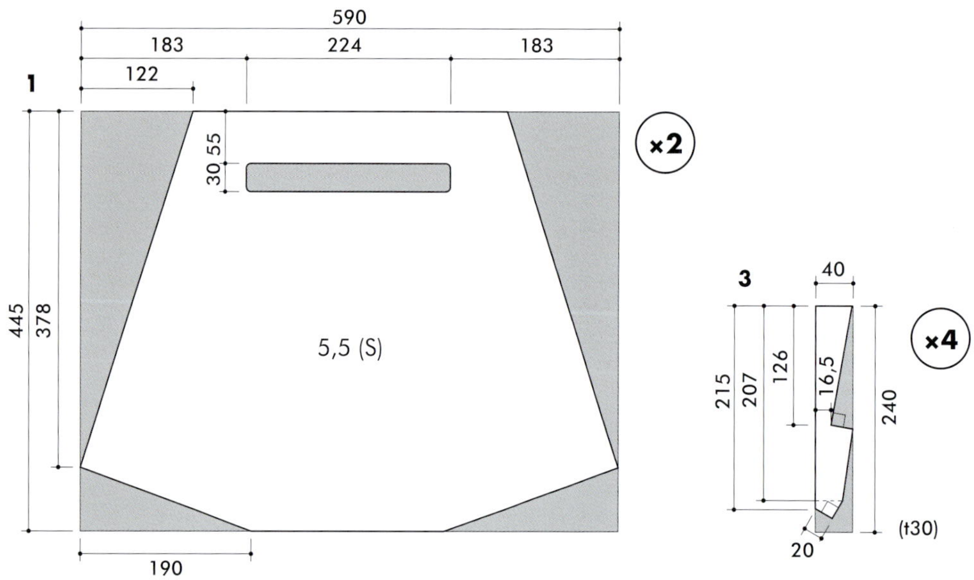

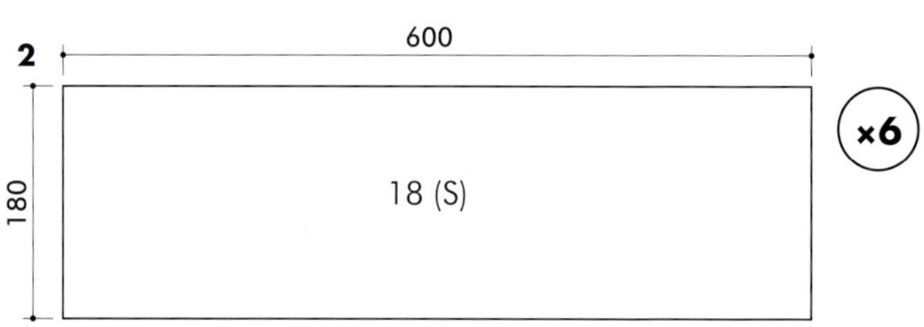

BAUPLAN

Maßstab: 1:6

Maßangaben in mm

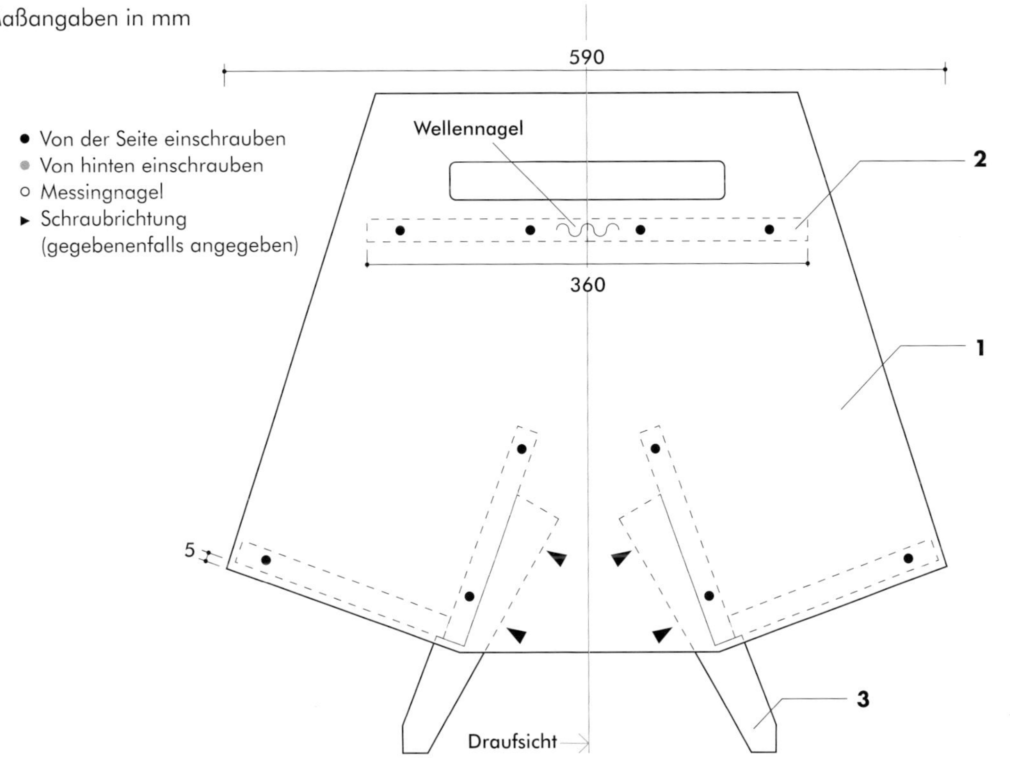

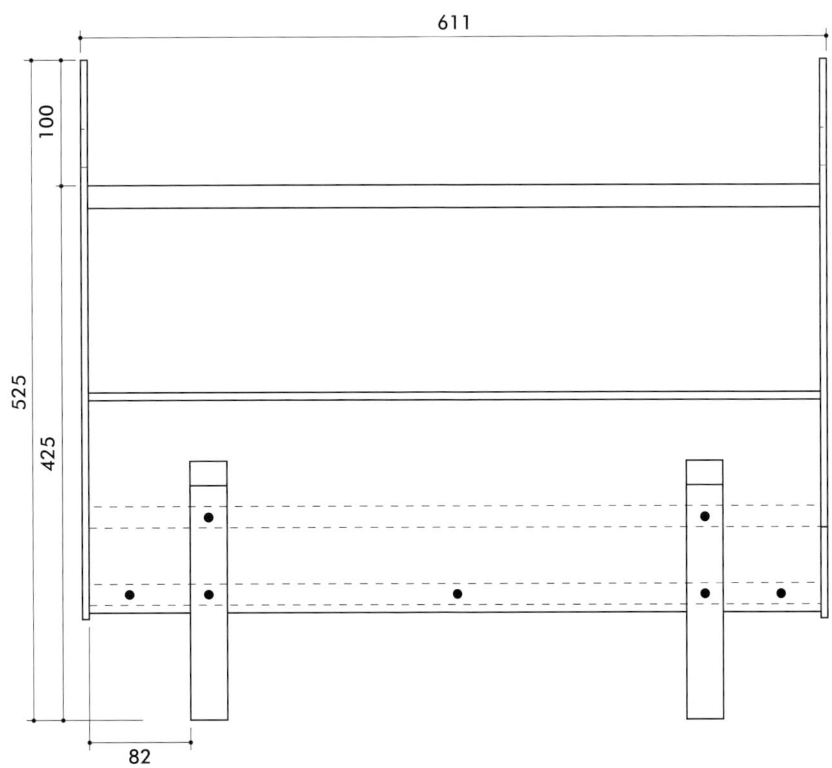

1 Zeichnen Sie auf dem Sperrholz mit dem Bleistift die Umrisse der Seitenteile inklusive der Griffe genau ein. Verfahren Sie so auch mit allen anderen Bauteilen.

2 Sägen Sie die vier Beine (**3**) zurecht und benutzen Sie dazu beide Seiten Ihrer Ryoba-Säge. Die Bauteile sind zu klein, um sie mit der Hand sicher zu fixieren. Verwenden Sie also eine Schraubzwinge.

3 Schneiden Sie die Seitenteile zu (**1**). Die Bearbeitung von Sperrholz fällt leichter, wenn sie die Säge in einem möglichst flachen Winkel führen. Stützen Sie die Teile am Ende mit der Hand ab, damit kein Schaden entsteht.

4 Bohren Sie mit einem 10 mm-Schlangenbohrer in allen vier Ecken der angerissenen Aussparungen für die Griffe jeweils ein Loch vor.

5 Durchtrennen Sie die Platte mit einer Feinsäge entlang der Linie gerade von einem Loch zum nächsten. Wenn Sie mit den Grifflöchern fertig sind, glätten Sie die Kanten mit Schleifpapier oder vorsichtig mit einem Stemmeisen.

6 Nachdem alle Bauteile zugeschnitten und vorbereitet sind, schleifen Sie sie und brechen Sie zum Schluss die Kanten mit dem Hobel. An den Ecken und entlang des Hirnholzes ist es besser, mit Schleifpapier zu arbeiten.

7 Montieren Sie die Fächer und die Ablageplatte (**2**). Verbinden Sie für die Ablage zwei Bretter mit Wellennägeln. Für das Regal schrauben Sie die beiden L-förmigen Teile bündig zusammen und befestigen die Bretter rechts, links und in der Mitte, damit sich nichts verzieht. (Schrauben: 45 mm)

8 Montieren Sie die Beine an die L-förmigen Regalteile. Platzieren Sie sie an der richtigen Stelle und befestigen Sie sie unten mit 25 mm- und oben mit 45 mm-Schrauben.

9 Stellen Sie die L-förmigen Regalteile auf die Seitenplatten und zeichnen Sie mit dem Bleistift ihre Umrisse an. Kennzeichnen Sie auch die Positionen der Schrauben für die Fächer und für die Ablageplatte.

10 Bohren Sie in den Sperrholzplatten alle Löcher mit dem Versenkbohrer vor. Es ist ratsam, auch die Schraubenlöcher im Hirnholz der Regalteile vorzubohren. Orientieren Sie sich dazu an den Löchern in den Seitenteilen.

11 Bauen Sie den Beistelltisch zusammen. Richten Sie dabei die Ablage und die L-förmigen Fächer an den vorgezeichneten Linien aus. Üben Sie beim Anschrauben mit der anderen Hand Druck aus. (Schrauben: 45 mm)

12 Stellen Sie den Beistell-Bücher-Tisch auf eine ebene Fläche und überprüfen Sie, ob er wackelt. Falls ja, korrigieren Sie das betreffende Bein mit Schleifpapier oder Säge.

06 SCHREIBTISCH MIT SCHUBLADE

ZEIT 3,5 Stunden
LEVEL ●●○○○

Dieser Schreibtisch wurde ursprünglich für ein traditionelles japanisches Wohnumfeld entworfen. In einem modernen Zuhause kann er als platzsparender Laptoptisch oder Kinderschreibtisch dienen. Mit seiner Grundfläche von lediglich 900 x 480 mm eignet er sich bestens für beengte Wohnverhältnisse. Er lässt sich gut mit dem „Stapelbaren Bücherregal" (Seite 152) kombinieren.

Bei diesem Möbelstück werden die 21 mm dicke Schreibtischplatte und die ebenso dicken Seitenteile in einer U-Form verbunden, zugunsten größtmöglicher Festigkeit. Die Seitenteile verjüngen sich nach unten trapezartig, was zum schicken Erscheinungsbild des Möbelstücks beiträgt. Die Schublade scheint auf den ersten Blick eine Herausforderung zu sein, doch sie beruht auf einem einfachen Schienensystem.

In Japan sitzt man auf den Knien auf dem Boden. Deshalb fällt dieses Möbelstück niedrig aus. Für einen Schreibtisch nach westlichem Standard verwenden Sie Seitenteile von 680 mm Länge.

1
Die horizontalen Fußleisten am unteren Ende der Seitenteile haben zwei Funktionen: Sie verbinden die Seitenteile, die aus zwei Brettern bestehen, und verhindern Schäden an den *Tatami*-Matten des Fußbodens.

2
Eine Querstrebe verbindet die beiden Seitenteile im hinteren Bereich miteinander, um ein Schwanken zu den Seiten zu verhindern.

3
Die Bretter der Seitenteile sind 21 mm stark. Solche breiten und dicken Bretter haben ihre eigene Steifigkeit. Das heißt, dass der Tisch allein schon deshalb sehr robust ist, weil er im rechten Winkel zusammengebaut ist.

4
Die Schublade läuft auf Schienen. Man zieht sie an der Unterseite des Vorderfrontbretts heraus.

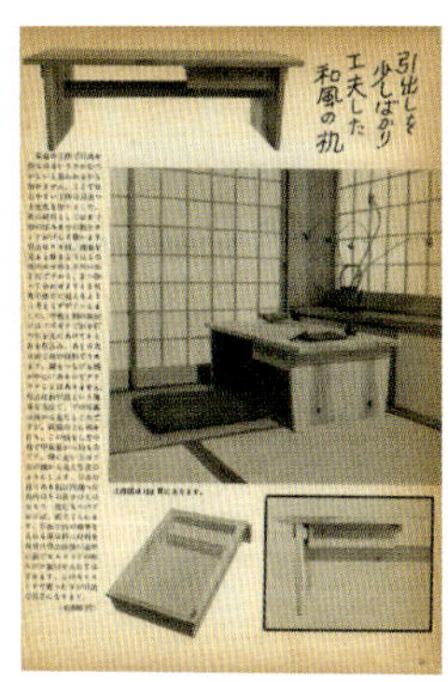

Der japanische Schreibtisch mit Schublade aus dem Originalbuch.

BAUTEILE UND MATERIALIEN

S = Stärke

1 18 (S) x 18 x 410 mm: 2 Leiste
2 21 (S) x 240 x 265 mm: 4 Bretter
3 13 (S) x 45 x 440 mm: 2 Leisten
4 30 (S) x 40 x 740 mm: 1 Leiste
5 21 (S) x 240 x 900 mm: 2 Bretter
6 5,5 (S) x 250 x 400 mm: 1 Platte (Sperrholz)
7 13 (S) x 90 x 300 mm: 1 Brett
8 13 (S) x 45 x 400 mm: 2 Leisten
9 15 (S) x 30 x 417 mm: 4 Leisten
10 13 (S) x 45 x 224 mm: 2 Leisten
11 15 (S) x 30 x 224 mm: 1 Leiste
12 18 (S) x 18 x 417 mm: 1 Leiste

Auf die numerierten Teile oben wird sowohl bei den Bauplänen als auch in den Anweisungen Bezug genommen.

WERKZEUGE

Ryoba-Säge, Zwingen, Lineal und Rollmaßband, Zimmermannswinkel, Anschlagwinkel und Schmiege, Akkuschrauber, Schrauben (45 mm, 35 mm, 25 mm), Wellennägel, Handhobel, Schleifmaschine, Schleifpapier, Holzleim

GRÖSSE DER BAUTEILE

Maßstab: 1:10
Maßangaben in mm

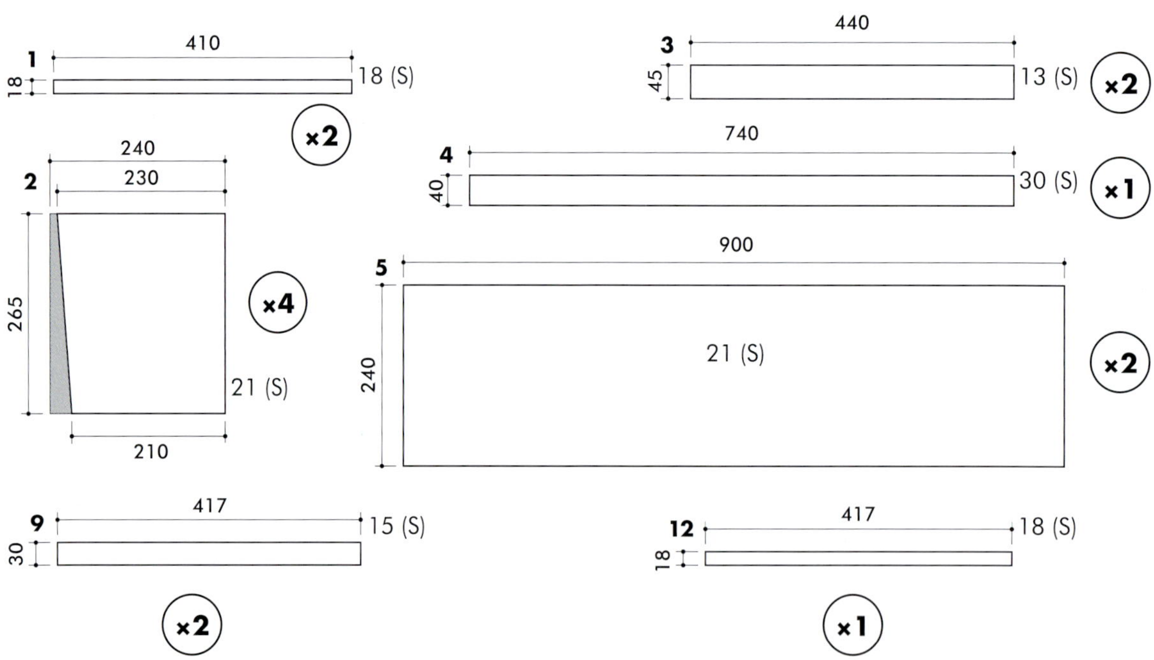

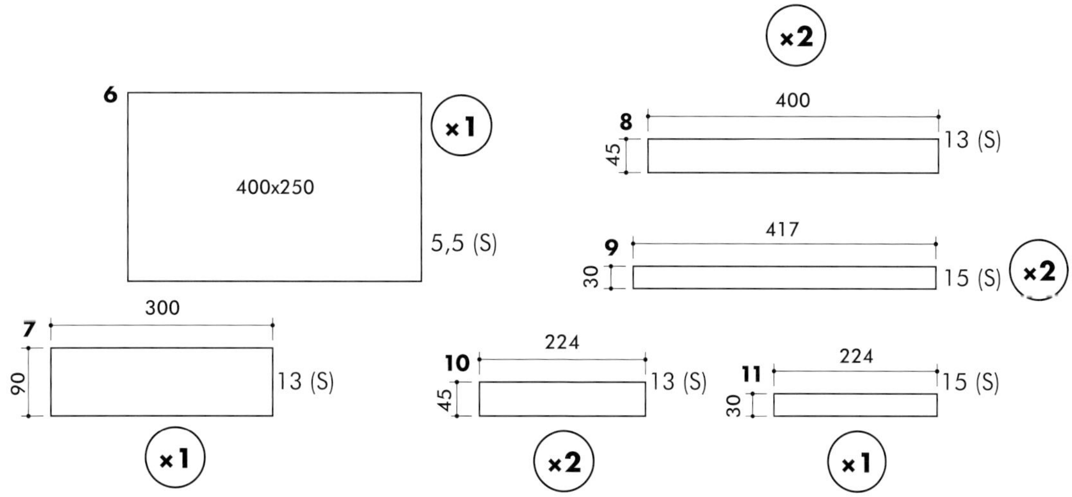

BAUPLAN

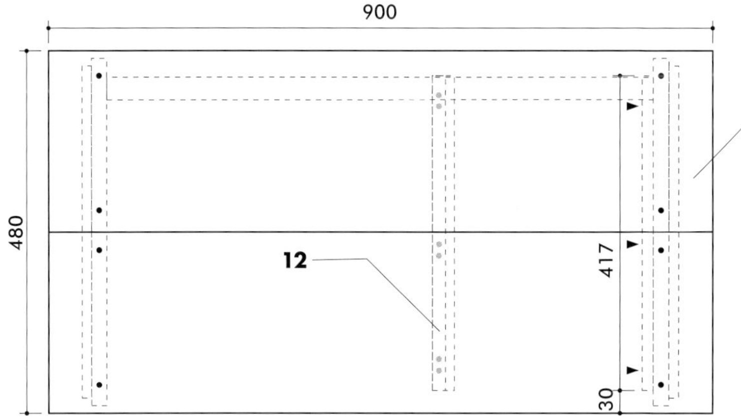

Maßstab: 1:10
Maßangaben in mm

- ● Von der Seite einschrauben
- ● Von hinten einschrauben
- ○ Messingnagel
- ► Schraubrichtung (gegebenenfalls angegeben)

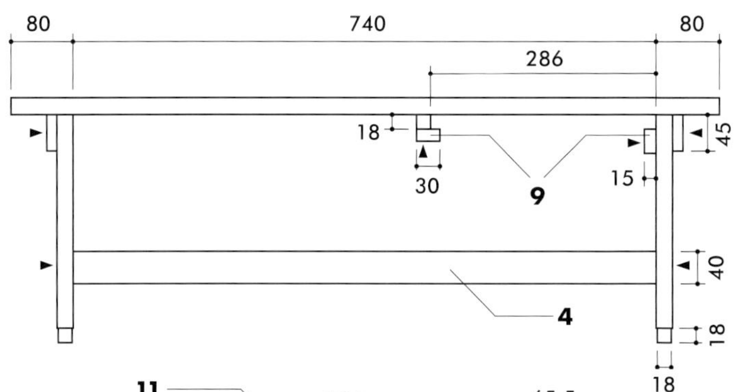

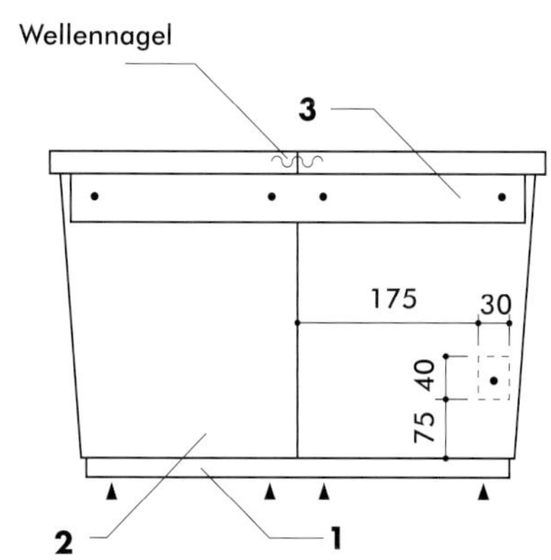

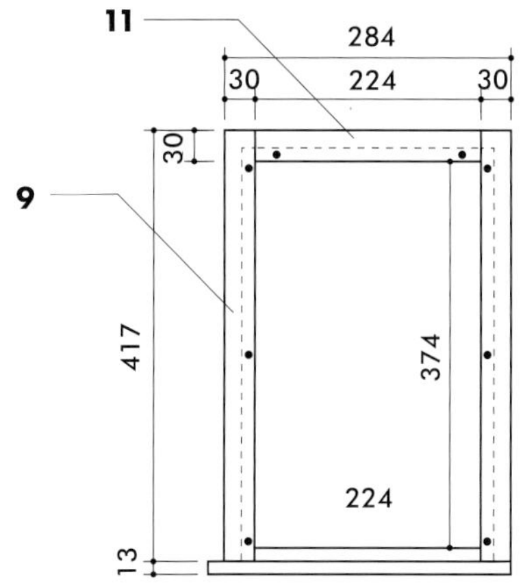

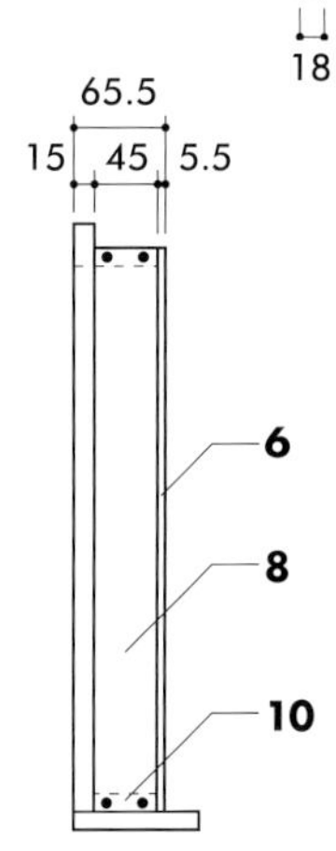

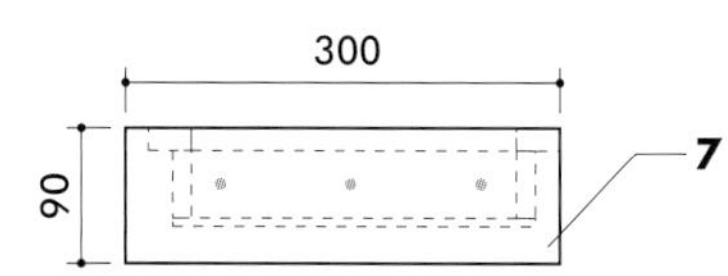

1 Führen Sie die Längsschnitte an den vier Seitenteilen (**2**) in einem möglichst flachen Winkel aus. Dann verbinden Sie die jeweils zwei Seitenteile oben und unten mit je einem Wellennagel.

2 Montieren Sie die quadratischen Fußleisten (**1**) mit Schrauben von unten an die beiden Seitenteile. Versenken Sie die Schraubenköpfe sorgsam im Holz, um eine Beschädigung des Fußbodens zu vermeiden. (Schrauben: 35 mm)

3 Die Hilfsleisten (**3**) schrauben Sie nach oben hin bündig mit der oberen Kante der Seitenteile fest. Zum Schluss montieren Sie die Querstrebe (**4**), die beide Seitenteile miteinander verbindet, anhand der Angaben im Bauplan. (Schrauben: 35 mm, 45 mm)

4 Fügen Sie die Tischplattenbretter (**5**) mit Wellennägeln zusammen. Dann legen Sie die Platte auf das Gestell, gleichen die Position mit dem Bauplan ab, bohren mit dem Versenkbohrer vor und setzen die Schrauben. (Schrauben: 45 mm)

5 Schrauben Sie für die Schublade die Leisten (**8, 10**) des Rahmens so zusammen, dass alle Kanten bündig abschließen. (Schrauben: 25 mm)

6 Richten Sie den Schubladenboden (**6**) an allen Seiten bündig auf den Rahmen aus und schrauben Sie ihn an. Drehen Sie immer gegenüberliegende Schrauben ein. (Schrauben: 25 mm)

7 Richten Sie die Randleisten (**9, 11**) so am Schubladenrand aus, dass sie mit der Innenseite bündig abschließen. Schrauben Sie die Hölzer an drei Seiten auf die Schublade. (Schrauben: 25 mm)

8 Zum Schluss befestigen Sie das Vorderfrontbrett (**7**) von innen an der Stirnseite der Schublade. Überprüfen Sie die Positionierung anhand des Bauplans. (Schrauben: 25 mm)

9 Um die Führungsschiene auf der Innenseite des einen Seitenteils zu befestigen, nutzen Sie Leiste (**12**) als Abstandhalter und schrauben Leiste (**9**) als Führungsschiene fest. Überprüfen Sie die genaue Positionierung anhand des Bauplans. (Schrauben: 35 mm)

10 Schrauben Sie aus den Leisten (**9**) und (**12**) eine L-förmige Führungsschiene zusammen. (Schrauben: 25 mm)

11 Montieren Sie die L-förmige Führungsschiene unter die Tischplatte. Prüfen Sie die genaue Positionierung mithilfe der Schublade. Lassen Sie 2 mm Luft und schrauben Sie die Schiene an. (Schrauben: 45 mm)

12 Stellen Sie den Schreibtisch auf eine ebene Fläche und überprüfen Sie, ob er wackelt. Falls ja, korrigieren Sie mit Schleifpapier oder Säge.

07 ESSTISCH MIT KLEMM-BEINEN

ZEIT 5 Stunden
LEVEL ●●●○○

Mit einer Länge von 1350 mm ist der Esstisch der größte in diesem Kapitel. Wenn Sie ihn mit „Hockern mit Klemm-Beinen" (Seite 38) kombinieren, erhalten Sie eine vollständige Esszimmergarnitur. Der Tisch ist nur 660 mm breit und damit recht schlank. Er passt also sogar in eine schmale Küche. Die diagonalen Tischbeine sehen schön aus, wirken jedoch, als ob sie nur wenig aushalten würden.

Das ist jedoch keineswegs der Fall: Das Untergestell des Tisches mit seiner Kombination aus Klemm- und Dreiecksverbindung macht ihn robust genug für eine 660 x 1350 mm große Tischplatte. Unter ihr verbergen sich insgesamt fünf Querstreben, die ihr Durchhängen verhindern. Geringfügiges Schwanken mag im Alltagsgebrauch vorkommen, aber der Tisch bleibt in jedem Fall stabil.

1

Die Dreiecksverbindung der Beine mit dem Rahmen und die Querstreben im Untergestell stabilisieren die Beine und machen den Tisch stabil.

2

Das Zusammenschrauben der Klemm-Beine unten übt Druck auf die übrigen Bauteile aus und bewirkt große Festigkeit.

3

Fünf Querstreben sind in einer leiterähnlichen Konstruktion auf einem langen Trägerbrett zusammengebaut, um das Untergestell zu verstärken. Ein Verdrehen des Tisches wird so verhindert.

Der originelle Bretter-Esstisch aus der ursprünglichen Veröffentlichung.

BAUTEILE UND MATERIALIEN

S = Stärke

1 13 (S) x 90 x 1220 mm: 2 Bretter
2 13 (S) x 90 x 660 mm: 15 Bretter
3 13 (S) x 90 x 1280 mm: 1 Brett
4 13 (S) x 45 x 475 mm: 4 Leisten
5 13 (S) x 90 x 484 mm: 5 Bretter
6 13 (S) x 90 x 785 mm: 8 Bretter

Auf die numerierten Teile oben wird sowohl bei den Bauplänen als auch in den Anweisungen Bezug genommen.

WERKZEUGE

Ryoba-Säge, Zwingen, Lineal und Rollmaßband, Zimmermannswinkel, Anschlagwinkel und Schmiege, Akkuschrauber, Schrauben (60 mm, 35 mm, 25 mm), Messingnägel (35 mm), Handhobel, Schleifmaschine, Schleifpapier, Holzleim

GRÖSSE DER BAUTEILE

Maßstab: 1:10
Maßangaben in mm

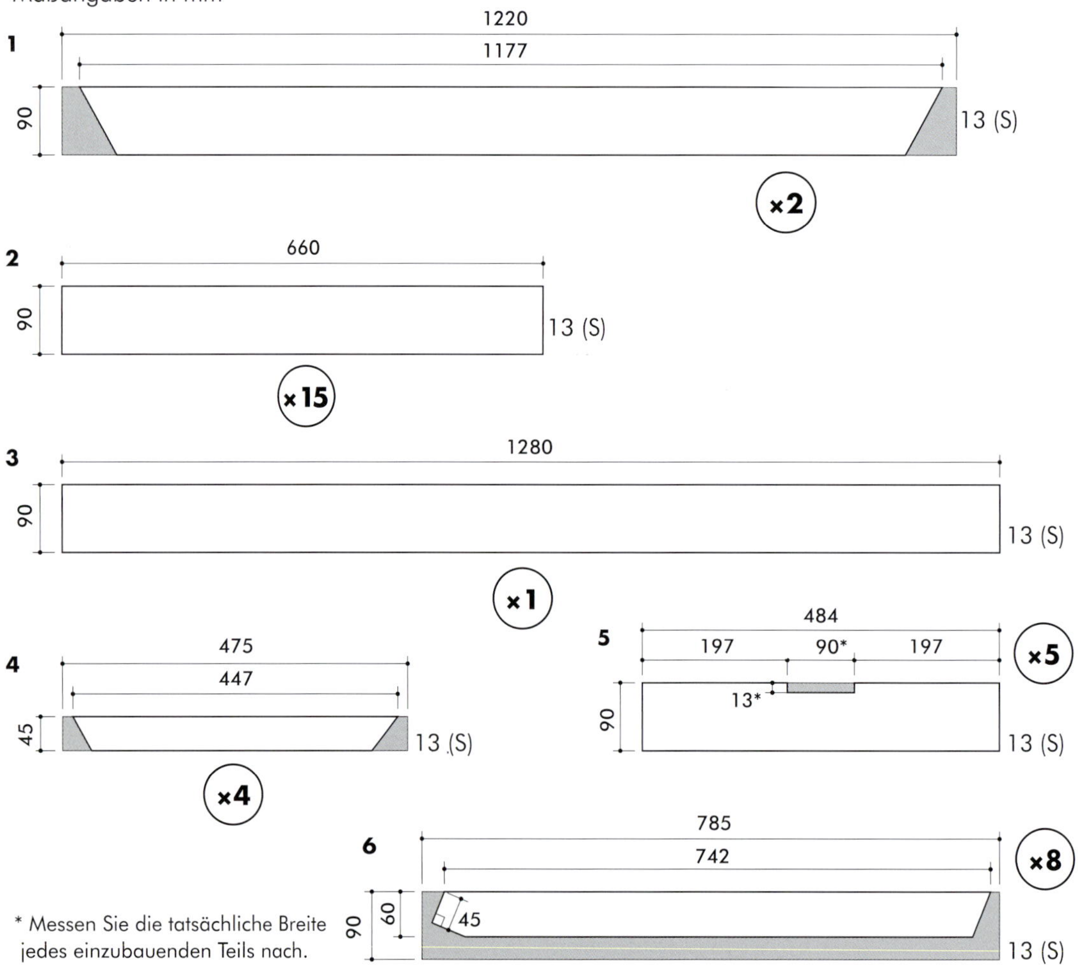

* Messen Sie die tatsächliche Breite jedes einzubauenden Teils nach.

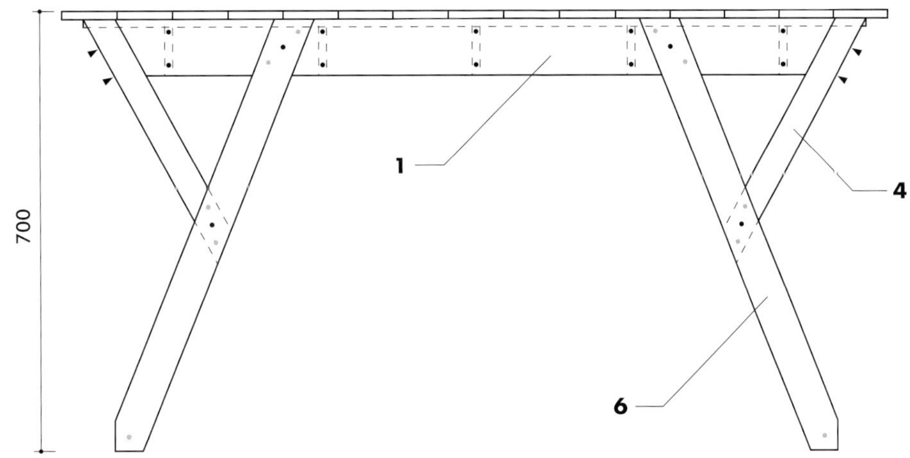

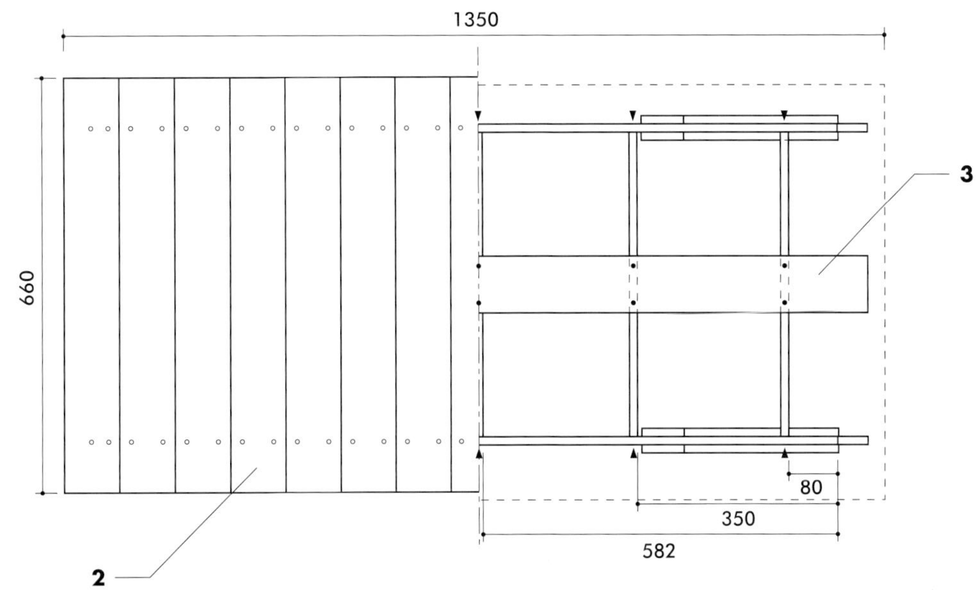

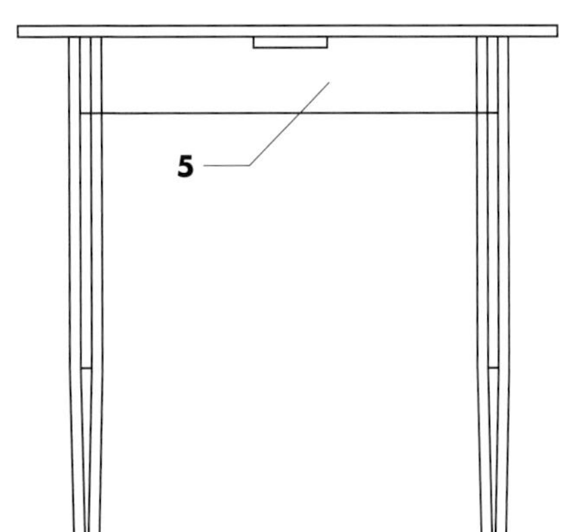

Maßstab: 1:12
Maßangaben in mm

- ● Von der Seite einschrauben
- ● Von hinten einschrauben
- ○ Messingnagel
- ► Schraubrichtung (gegebenenfalls angegeben)

1 Nutzen Sie Anschlagwinkel und Schmiege, um Längen und Winkel mit einem Bleistift auf die Hölzer zu übertragen. Der Zuschnitt erfolgt mit einer Säge.

2 Spannen Sie die fünf Querleisten (**5**) zusammen und schneiden Sie links und rechts an den Rissen die Nuten ein. Setzen Sie anschließend Hilfsschnitte dazwischen. Diese Verfahrensweise ist effektiver, als jedes Brett einzeln zu bearbeiten.

3 Stemmen Sie bei jedem einzelnen Brett sorgfältig die Nuten aus (**5**). Zum Schluss setzen Sie das Stemmeisen direkt auf den Riss und entfernen die letzten Späne.

4 Nach dem Zuschnitt schleifen Sie alle Bauteile und brechen zum Schluss die Kanten mit dem Hobel. An den Ecken und entlang des Hirnholzes ist es besser, mit Schleifpapier zu arbeiten.

5 Kennzeichnen und bohren Sie Löcher in die diagonalen Hilfsleisten (**4**). Nutzen Sie einen Versenkbohrer, um die Befestigung der Hilfsleisten am Rahmenholz vorzubereiten.

6 Befestigen Sie die diagonalen Hilfsleisten am Rahmenholz (**1, 4**). Die Leisten sind dünn, also pressen Sie sie beim Anschrauben gut an und achten Sie nach oben und seitlich auf Bündigkeit. (Schrauben: 60 mm)

7 Montieren Sie die Klemm-Beine (**6**). Platzieren Sie das Rahmenbrett und die diagonale Leiste zwischen den beiden Beinteilen. Bohren Sie vor und schrauben Sie zusammen. Anschließend schrauben Sie die Beinenden unter festem Druck aneinander. (Schrauben: 25 mm)

8 Bringen Sie die Querstreben mit Schrauben (**5**) am Rahmen an. Die Nuten weisen dabei nach oben, zur späteren Tischoberfläche. Richten Sie sich bei der Positionierung nach dem Bauplan. Achten Sie nach oben auf Bündigkeit. (Schrauben: 35 mm)

9 Schrauben Sie die Querstreben auch am zweiten Beine-Rahmen-Bauteil an, am besten zuerst die äußeren, dann die inneren. So verhindern Sie, dass sich noch etwas verschiebt. (Schrauben: 35 mm)

10 Legen Sie das Trägerbrett in die Nuten der Querstreben (**3**) und achten Sie darauf, dass es am oberen und unteren Tischende gleich mit den Rahmenhölzern abschließt. Schrauben Sie es mit je zwei Schrauben an ihnen fest. (Schrauben: 35 mm)

11 Richten Sie die Bretter (**2**) für die Tischoberfläche auf dem Untergestell aus. Nageln Sie sie fest. Beginnen Sie mit dem mittleren Brett und arbeiten Sie nach außen. (Messingnägel: 35 mm)

12 Stellen Sie den Tisch auf eine ebene Fläche und überprüfen Sie, ob er wackelt. Falls ja, korrigieren Sie das betreffende Bein mit Schleifpapier oder Säge.

08

TISCHBÖCKE MIT V-BEINEN

ZEIT 3 Stunden
LEVEL ●●●●○

Tischböcke sind einfache Gestelle, auf die man eine Tischplatte legen kann. Sie sind nützlich, weil sie nicht viel Platz brauchen und man sie leicht von einem Raum in den anderen tragen kann. Die Beine unserer Tischböcke bestehen aus dünnen, 45 mm breiten, in einem Fuß zusammenlaufenden Leisten, die eine hübsche Silhouette abgeben. Wenn man die Tischböcke nicht benötigt, kann man sie stapeln und platzsparend verstauen.

Die V-Form der Beine sorgt für eine wirksame Verteilung der Last, während die mittige A-Form Schwanken verhindert und Halt gibt. Da der Arbeitsvorgang zum Zurechtschneiden und Nuten des trapezförmigen Trägerholzes etwas Übung erfordert, ist der Schwierigkeitsgrad des Möbelstücks entsprechend hoch eingestuft.

1
Die besonders stabile Befestigung der V-Beine verhindert jedes Schwanken.

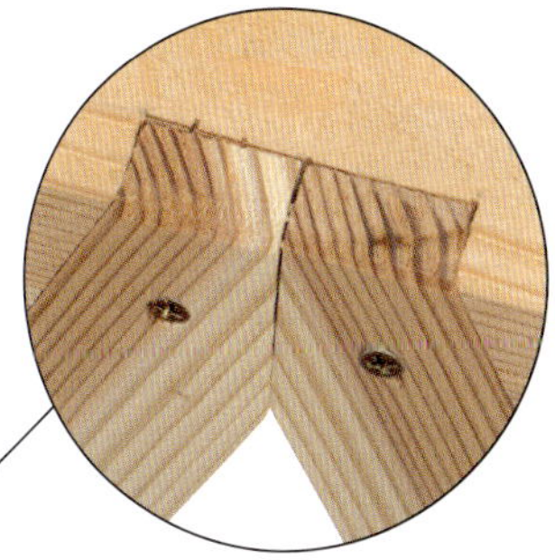

2
In eine Nut eingelassene Beinenden bilden das obere Ende der A-Form. Je höher das Gewicht, das auf der Verbindung lastet, umso fester und stärker wird sie.

3
Ein optisch ansprechendes Design mit schlanken Beinen, die übereinander greifen.

4
Die V-Form der Beine überträgt die Last in zwei Richtungen und macht den Aufbau trotz der dünnen Bretter stabil.

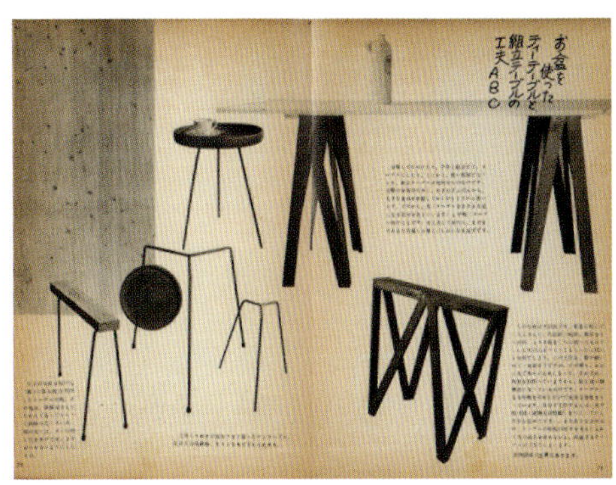

Die Tischböcke, die als Unterbau für einen Tee- oder Arbeitstisch fungieren, aus dem Originalbuch.

BAUTEILE UND MATERIALIEN

S = Stärke
1 45 (S) x 120 x 630 mm: 1 Kantholz
2 13 (S) x 45 x 700 mm: 4 Leisten
3 13 (S) x 45 x 750 mm: 4 Leisten
Auf die numerierten Teile oben wird sowohl bei den Bauplänen als auch in den Anweisungen Bezug genommen.

WERKZEUGE

Ryoba-Säge, Zwingen, Lineal und Rollmaßband, Zimmermannswinkel, Anschlagwinkel und Schmiege, Akkuschrauber, Schrauben (50 mm, 40 mm), Handhobel, Schleifmaschine, Schleifpapier, Holzleim

GRÖSSE DER BAUTEILE

Maßstab: 1:10
Maßangaben in mm

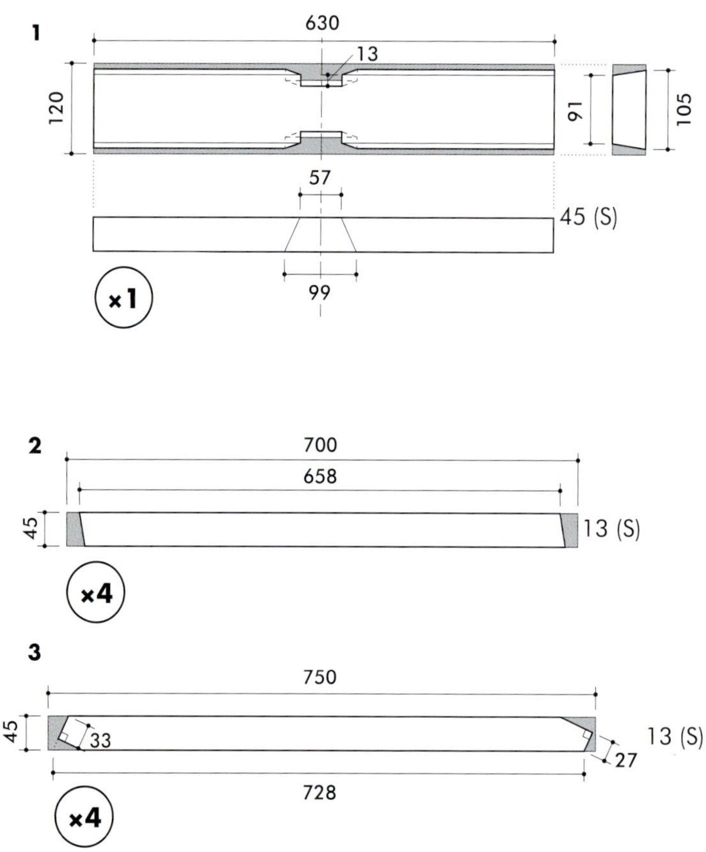

BAUPLAN

Maßstab: 1:10

Maßangaben in mm

- ● Von der Seite einschrauben
- ● Von hinten einschrauben
- ○ Messingnagel
- ► Schraubrichtung (gegebenenfalls angegeben)

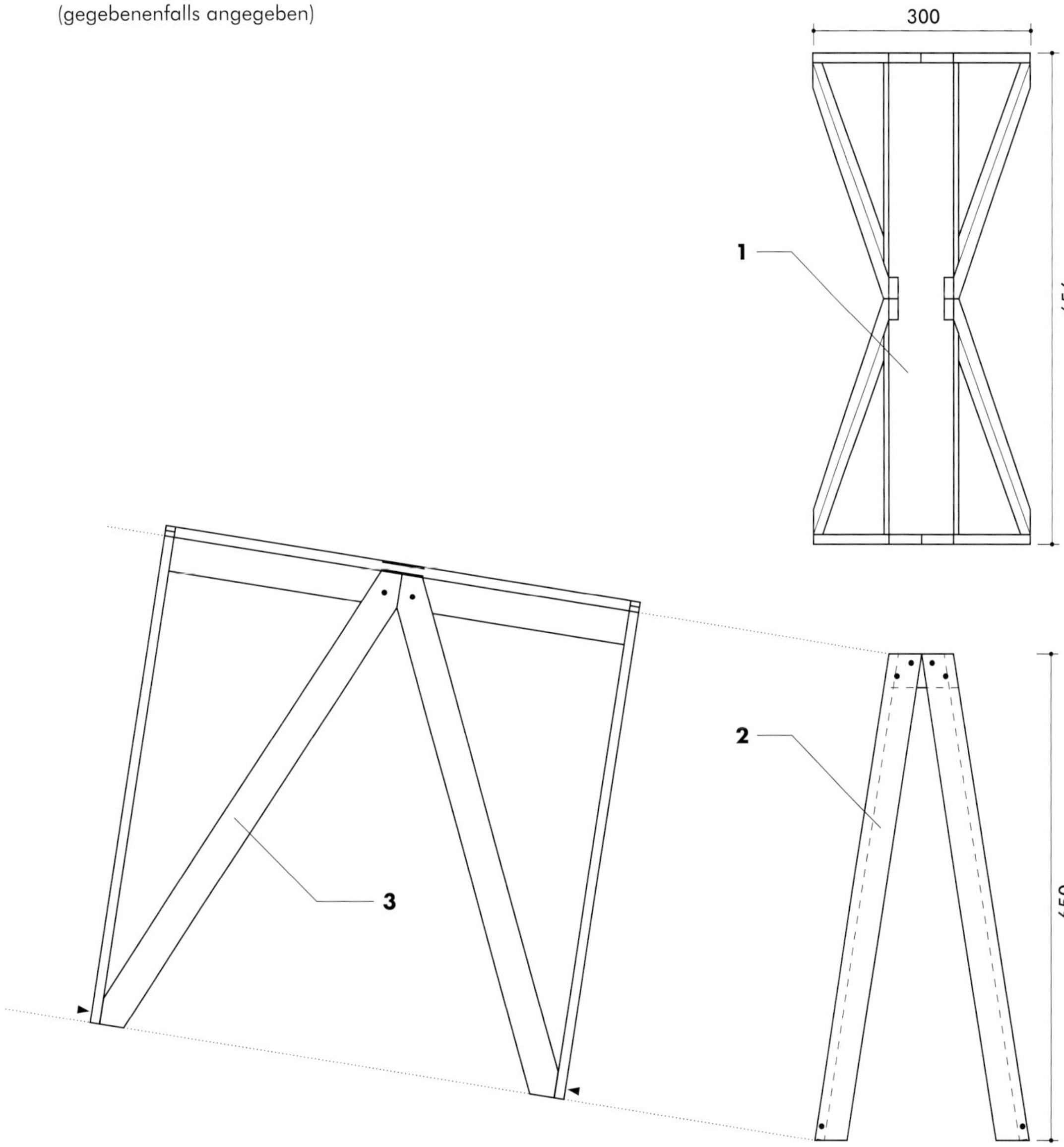

1 Zeichnen Sie für den Zuschnitt der Bauteile mit der Säge alle Maßangaben genau an. Achten Sie darauf, alles bis zur Unterseite anzureißen, insbesondere im Bereich der Nuten.

2 Schneiden Sie den trapezförmigen Träger (**1**) zu, indem Sie die Säge schräg halten wie beim geraden Sägen. Arbeiten Sie sorgfältig entlang der vorgezeichneten Linien.

3 Nachdem Sie eine Seite geschnitten haben (wie im kleinen Foto bei Schritt 2 gezeigt), nehmen Sie die Säge heraus, drehen das Teil um und sägen, nun rückwärtsgehend, bis zum Ende.

4 Bringen Sie erste diagonale Risse für die Nuten (**1**) an. Setzen Sie zunächst die äußeren Schnitte und ergänzen Sie weitere zwischen ihnen. Je mehr Schnitte Sie anbringen, desto einfacher ist das anschließende Ausstemmen.

5 Stemmen Sie die angezeichnete und vorgeschnittene Nut vorsichtig frei. Achten Sie insbesondere auf ihren schrägen Verlauf.

6 Überprüfen Sie den Winkel ihrer Nut mit der Schmiege. Bessern Sie nach, falls Ihr Ergebnis noch nicht ganz mit dem Bauplan übereinstimmt. Sorgen Sie für einen ebenen Nutboden und putzen Sie ihn mit dem Stemmeisen aus.

7 Passen Sie die Beinenden (**3**) an, die von der Nut (**1**) aufgenommen werden sollen. Beachten Sie, dass beide in der Nut Platz finden müssen. Arbeiten Sie bei Bedarf mit dem Handhobel nach.

8 Die Beinenden sollten bündig mit dem Trägerholz abschließen. Setzen Sie die Beine ein und befestigen Sie sie mit Schrauben. (Schrauben: 40 mm)

9 Schlagen Sie die verbleibenden Beine (**2**) so an, dass Oberkante und Seite bündig mit dem Trägerholz abschließen. Richten Sie die Beine entsprechend aus und schrauben Sie sie an zwei Stellen an, um jegliches Verdrehen zu unterbinden. (Schrauben: 50 mm)

10 Verbinden Sie nun die in einem V zusammenlaufenden Beinenden miteinander. Pressen Sie sie beim Festschrauben gut zusammen, damit sich nichts verschiebt. (Schrauben: 40 mm)

11 Putzen Sie möglicherweise ungebrochene Kanten mit dem Handhobel oder mit Schleifpapier. Gehen Sie beim Entfernen der Überstände vorsichtig zu Werke.

12 Stellen Sie die Böcke auf eine ebene Fläche und überprüfen Sie, ob sie wackeln. Falls ja, korrigieren Sie das betreffende Bein mit Schleifpapier oder Säge.

09 HÖHENVARIABLE TISCHGESTELLE

ZEIT 2,5 Stunden
LEVEL ●○○○○

Diese Tischgestelle wurden für den Einsatz mit einer dicken Sperrholzplatte konzipiert. Dienen sie als Werkbank oder Arbeitspult, stehen die Gestelle aufrecht. Für einen niedrigen Tisch legt man sie auf die lange Seite und bedeckt sie mit der Tischplatte. Mit dieser geringsten Höhe ähnelt das Arrangement einem Couchtisch (450 mm), könnte aber auch als Bank dienen. Die Tischgestelle bestehen aus Leisten mit einem quadratischen Querschnitt, die zu rechteckigen Formen zusammengefügt werden. Das schaffen auch Anfänger. Trotz ihres einfachen Aufbaus sind die Tischgestelle sehr stabil. An den Eckpunkten laufen jeweils drei Leisten aus unterschiedlichen Richtungen zusammen und werden dort miteinander verschraubt. Das macht das Konstrukt immun gegen vertikales und horizontales Schwanken, selbst mit einer schweren Tischplatte.

1
Je nach Ausrichtung der Tischgestelle ergeben sich drei verschiedene Tischhöhen.

2
Ist das Tischgestell aufgerichtet, wird der Mittelteil zu einem Regal mit einer Abstellfläche für kleine Gegenstände.

3
In den Eckpunkten des Tischgestells greifen Leisten aus drei unterschiedlichen Richtungen ineinander. Alle sind durch Schrauben miteinander verbunden und verleihen der Struktur Festigkeit.

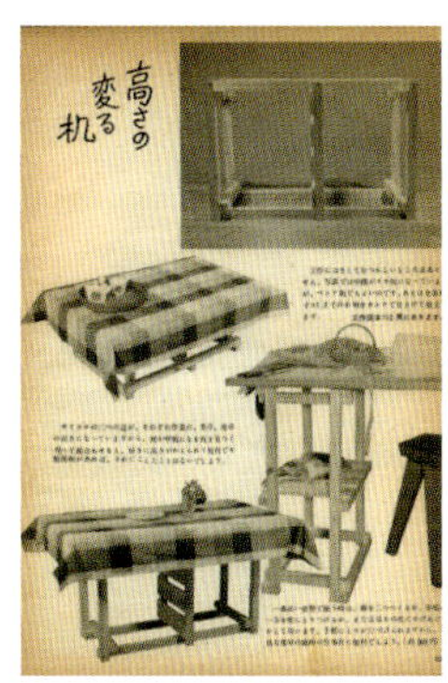

Der höhenvariable Tisch in der ursprünglichen Veröffentlichung.

BAUTEILE UND MATERIALIEN

S = Stärke

1 30 (S) x 30 x 450 mm: 6 Leisten
2 13 (S) x 90 x 300 mm: 4 Bretter
3 30 (S) x 30 x 300 mm: 4 Leisten
4 30 (S) x 30 x 690 mm: 4 Leisten

Auf die numerierten Teile oben wird sowohl bei den Bauplänen als auch in den Anweisungen Bezug genommen.

WERKZEUGE

Lineal und Rollmaßband, Zimmermannswinkel, Anschlagwinkel, Akkuschrauber, Schrauben (50 mm), Messingnägel (35 mm), Handhobel, Schleifmaschine, Schleifpapier, Holzleim

GRÖSSE DER BAUTEILE

Maßstab: 1:10
Maßangaben in mm

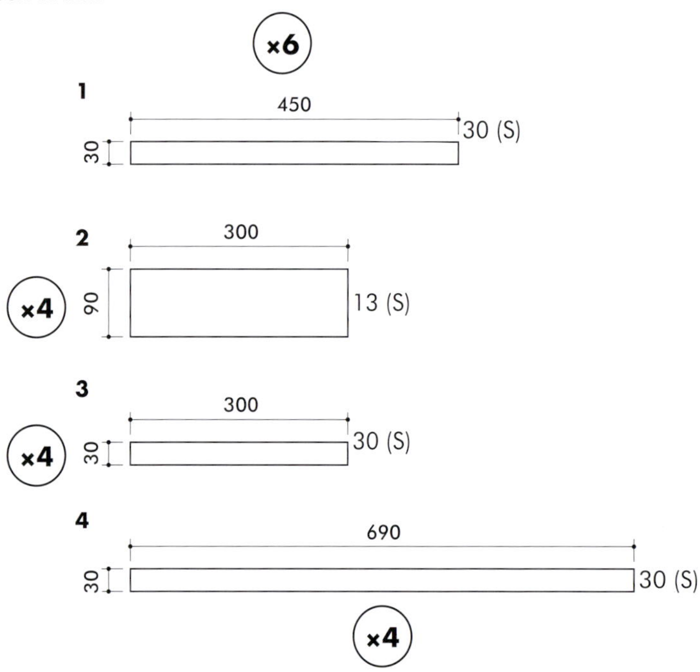

BAUPLAN

Maßstab: 1:10

Maßangaben in mm

- ● Von der Seite einschrauben
- ● Von hinten einschrauben
- ○ Messingnagel
- ► Schraubrichtung (gegebenenfalls angegeben)

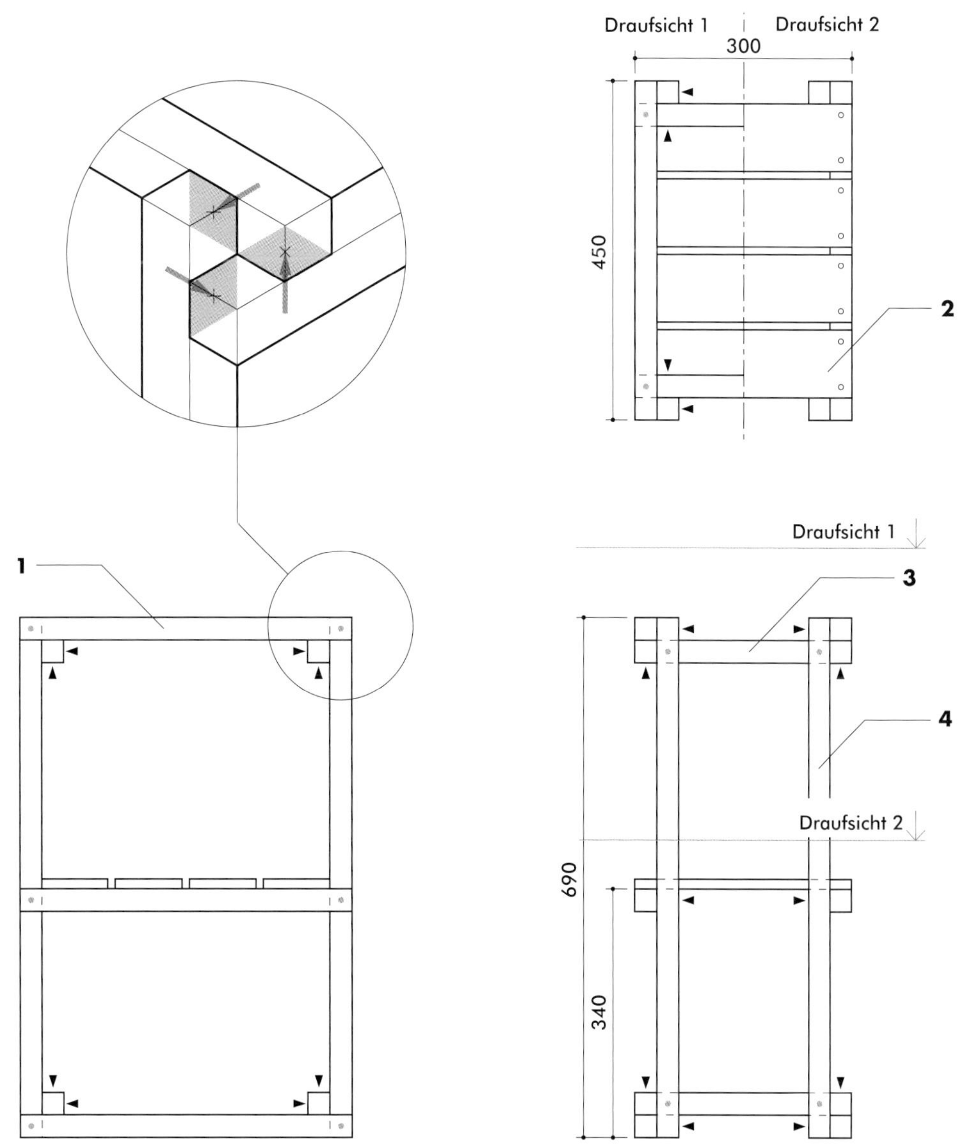

1 Zuerst messen Sie alle Bauteile aus, zeichnen sie an und schneiden sie zu. Anschließend schleifen Sie alle Flächen und brechen die Kanten mit einem Handhobel.

2 Wenn Sie die Ecken und Hirnholzkanten mit dem Hobel bearbeiten, können sie leicht ausreißen. Besser ist es, hier Schleifpapier zu verwenden.

3 Verwenden Sie zum Vorbohren der Löcher in den Eckpunkten einen Versenkbohrer. Da die Leisten nur 30 mm stark sind, folgen die Schrauben ohne Vorbohren sonst möglicherweise lieber der Maserung.

4 Um den bündigen Abschluss der zusammenzuschraubenden Hölzer zu gewährleisten, ist es sinnvoll, ein Widerlager zu nutzen. Um die Flächen einander anzugleichen, eignet sich eine glatte Platte oder ein flaches Holzstück als Hilfsmittel.

5 Stellen Sie zwei Rahmen her (**1, 4**). Nach dem Vorbohren geben Sie Leim auf die Verbindungsstellen und schrauben sie fest. Überprüfen Sie die Position der mittleren Leiste anhand des Bauplans. (Schrauben: 50 mm)

6 Nach dem Zusammenbau des Rahmens kontrollieren Sie die Winkel mit dem Anschlagwinkel. Falls das Bauteil verschoben ist, korrigieren Sie es vorsichtig per Hand, bis die Rechtwinkligkeit hergestellt ist.

7 Setzen Sie die beiden Rahmen (**3**) zusammen. Überprüfen Sie die Schraubenpositionen, zeichnen Sie sie an und bohren Sie sie mit dem Versenkbohrer vor.

8 Drehen Sie die Schrauben ein, bis die Spitze auf der anderen Seite hervorschaut. Dann drücken Sie die Schraubenspitze an der gewünschten Stelle in die zweite Leiste und ziehen die Schraube an. (Schrauben: 50 mm)

9 Überprüfen Sie beim weiteren Zusammenbau immer wieder die rechten Winkel mit dem Anschlagwinkel.

10 Legen Sie die Bretter (**2**) auf den mittleren Bereich des Tischgestells und breiten Sie sie gleichmäßig aus. Kennzeichnen Sie ihre Positionen.

11 Befestigen Sie die Regalbretter. Falls sich an der Stelle, wo der Nagel sitzen sollte, ein Ast befindet, bohren Sie vor, um Ausreißen zu verhindern. (Messingnägel: 35 mm)

12 Stellen Sie die Tischsäule auf eine ebene Fläche und überprüfen Sie, ob sie wackelt. Falls ja, korrigieren Sie das betreffende Bein durch Schleifen oder Sägen.

ZWEI GESTELLE, VIER TISCHE

Diese vielseitigen Hilfsmöbel lassen sich zu vier verschiedenen Tischen kombinieren, indem man die Gestelle vertikal, horizontal oder seitwärts dreht. Diese Bilder liefern kreative Anwendungsbeispiele.

Szene 1: Arbeitspult oder Werkbank (Gestellhöhe: 690 mm)

So aufgebaut hat der Tisch die ideale Höhe zum Bügeln oder für die Arbeit am Computer, wenn man dabei auf einem hohen Hocker sitzt. Die Regalflächen dienen als Ablage für kleine Dinge. Die Sperrholzplatte auf dem Foto misst 1800 x 500 mm.

Szene 2: Teetisch (Gestellhöhe: 450 mm)

Dieser niedrige Tisch hat die ideale Höhe, um die Kaffeetasse oder eine kleine Zwischenmahlzeit abzustellen, während Sie sich in einem bequemen Stuhl oder auf einem Sofa entspannen. Die Sperrholzplatte auf dem Foto misst 800 x 800 mm.

Szene 3: Langer Tisch (Gestellhöhe: 300 mm)

Bei Zusammenkünften mit vielen Gästen kann es sinnvoll sein, auf dem Boden zu sitzen, weil Sie dann keine Stühle brauchen. Die Tischplatte kann auch ein wenig breiter sein als die auf dem Foto. Die Sperrholzplatte auf dem Foto misst 1800 x 500 mm.

Szene 4: Sofatisch (Gestellhöhe: 450 mm)

Wenn Sie nur ein Tischgestell mit einer quadratischen Tischplatte aufstellen, erhalten Sie einen kleinen Tisch für etwas beengte Platzverhältnisse. Die Sperrholzplatte auf dem Foto misst 1800 x 500 mm.

03 AUFBEWAHRUNG

Dieses Kapitel stellt fünf praktische Möbelstücke vor, die vor allem der Aufbewahrung dienen. Sie alle lassen sich leicht auch in anderen Größen herstellen. Auf den individuellen Wohnraum zugeschnittene stehende und hängende Regale sorgen auf effektive Weise für Ordnung. Hinzu kommen ein Schuhregal und ein Schirmständer. Verglichen mit Stühlen und Tischen ist der Bau dieser Gegenstände einfacher. Sie sind deshalb für Anfänger besonders gut geeignet.

01 **Stapelbares Bücherregal, Seite 152**

02 **Regal mit Schnüren, Seite 158**

03 **Schmales Präsentationsregal, Seite 164**

04 **Einfacher Schirmständer, Seite 170**

05 **Offenes Schuhregal Seite 176**

01 STAPELBARES BÜCHERREGAL

ZEIT 1,5 Stunden
LEVEL ●○○○○

Bei diesem raffinierten Bücherregal lassen sich bis zu vier Regalsegmente wie Blöcke aufeinanderstapeln. In den so gewonnenen Stauram passen Bücher mit einer Höhe von bis zu 28 cm – ideal für Kinderbücher und Zeitschriften. Natürlich können Sie die Einheiten auch als dekorative Elemente in vielen anderen Bereichen Ihrer Wohnung nutzen.

An den Seitenteilen der stapelbaren Regalsegmente treffen jeweils drei Bretter so zusammen, dass sie abwechselnd übereinandergreifen und jegliche Bewegung, vor und zurück ebenso wie nach links oder rechts, verhindern. Das Design verknüpft hohe Funktionalität mit einer geringen Anforderung an die Zahl der Bauteile.

1
Das dicke Regalbrett und die Rückenverstärkung verbinden sich zu einem stabilen L, das jegliches Durchbiegen ausschließt.

2
Die Seitenteile bestehen aus drei Brettern, zwei rechteckigen und einem, das aussieht wie ein Pfeil. Das „Pfeil"-Brett verhindert ein Verschieben nach vorne oder hinten, während die überlappenden „Krallen" der beiden Bretter links und rechts ein seitliches Wegrutschen unmöglich machen.

3
Bis zu vier Regalsegmente lassen sich übereinander stapeln. Die Länge des Regalbodens kann den eigenen Vorstellungen angepasst und verkürzt oder auch geringfügig verlängert werden.

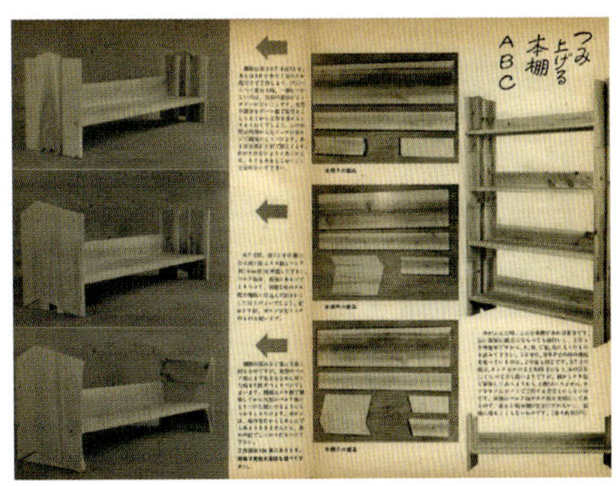

Das pfiffige Bücherregal in der ursprünglichen Veröffentlichung.

BAUTEILE UND MATERIALIEN

S = Stärke

1 13 (S) x 90 x 300 mm: 4 Bretter

2 13 (S) x 90 x 350 mm: 2 Bretter

3 21 (S) x 210 x 750 mm: 1 Brett

4 13 (S) x 90 x 750 mm: 1 Brett

Auf die numerierten Teile oben wird sowohl bei den Bauplänen als auch in den Anweisungen Bezug genommen.

WERKZEUGE

Ryoba-Säge, Hammer, Zwingen, Lineal und Rollmaßband, Zimmermannswinkel, Anschlagwinkel und Schmiege, Akkuschrauber, Schrauben (45 mm, 35 mm, 25 mm), Handhobel, Schleifmaschine, Schleifpapier, Holzleim

GRÖSSE DER BAUTEILE

Maßstab: 1:8

Maßangaben in mm

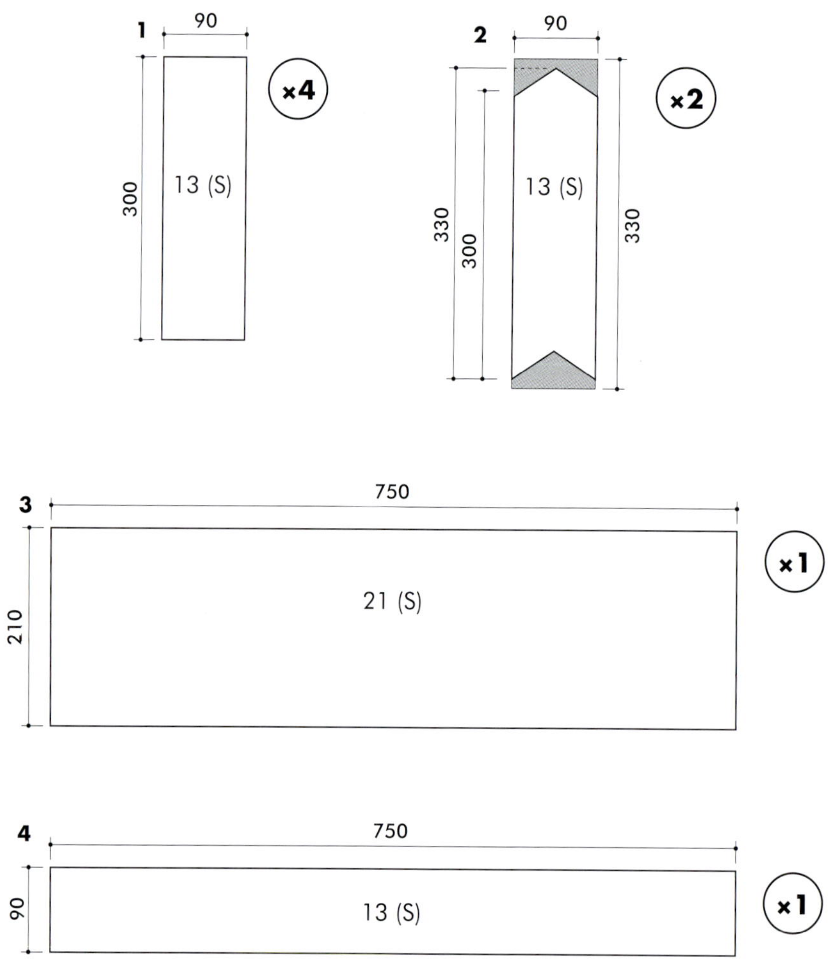

BAUPLAN

Maßstab: 1:8
Maßangaben in mm

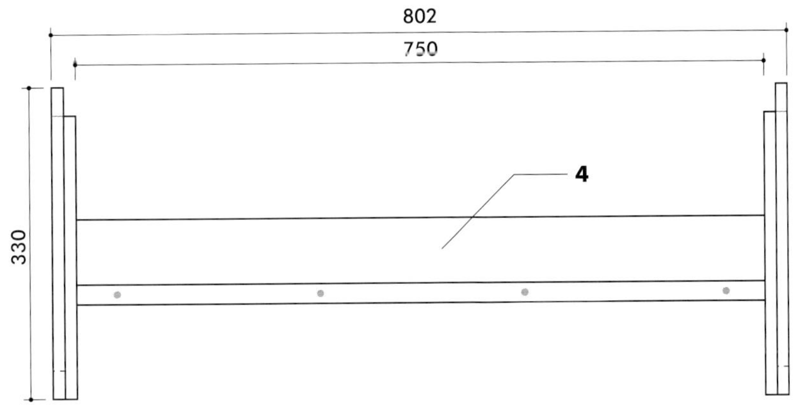

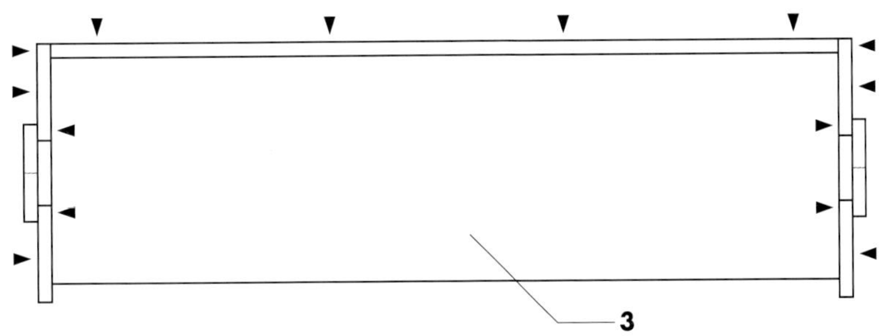

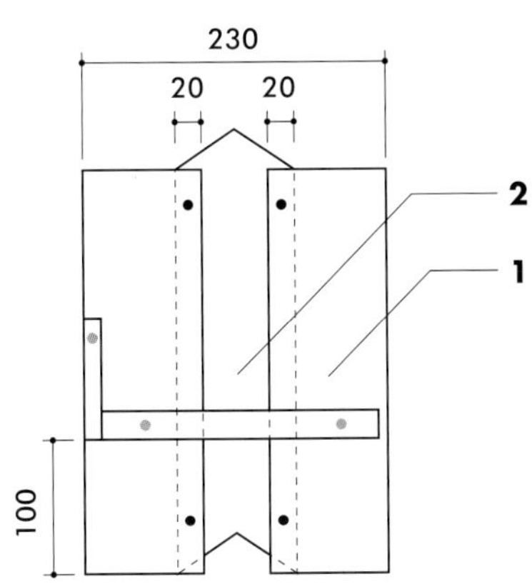

- ● Von der Seite einschrauben
- ● Von hinten einschrauben
- ○ Messingnägel
- ► Schraubrichtung (gegebenenfalls angegeben)

1 Verwenden Sie Lineal, Anschlagwinkel, Schmiege und Bleistift, um die Maße und Winkel an allen Bauteilen anzutragen.

2 Mit der Schmiege zeichnen Sie die „Pfeilspitze" an (**2**). Indem Sie den Winkel an der Schmiege einmal feststellen, können Sie denselben Schnittverlauf an vielen weiteren Brettern anreißen.

3 Nutzen sie die Blattseite mit der Trapezverzahnung an Ihrer Ryoba-Säge, um an dem einen Ende des Bretts die „Pfeilspitze" zuzuschneiden (**2**). Achten Sie auf einen exakten Schnittverlauf, damit sich die Regalelemente später gut übereinander stapeln lassen.

4 Beim unteren Brettende (**2**) beginnen Sie Ihren Schnitt in einem sehr flachen Winkel und senken die Säge langsam immer weiter ab, bis sie am Endpunkt Ihres Risses rechtwinklig zum Schnittgut steht.

5 Nach dem Zuschnitt schleifen Sie alle Bauteile und brechen zum Schluss die Kanten mit dem Hobel. An den Ecken und entlang des Hirnholzes ist es besser, mit Schleifpapier zu arbeiten.

6 Richten Sie die Rückenverstärkung auf dem Regalboden (**3**, **4**) in einer L-Form bündig aus. Setzen Sie die Schrauben in der richtigen Reihenfolge: erst rechts, dann links und zuletzt in der Mitte, um Verschieben zu verhindern. (Schrauben: 35 mm)

7 Bauen Sie die Bretter (**1**, **2**) des Seitenteils zusammen. Zeichnen Sie den Bereich an, in dem die Bretter einander überlagern. (Schrauben: 25 mm)

8 Richten Sie die drei Bretter an einem Kantholz aus, damit sie nach unten bündig abschließen. Dann bringen Sie die Bretter mit Ihren Längsrissen in Übereinstimmung, drücken sie gut an und schrauben sie fest. (Schrauben: 25 mm)

9 Zeichnen Sie an den Seitenteilen die Höhe an, in der der rückenverstärkte Regalboden montiert werden soll. Nutzen Sie einen Anschlagwinkel, um sicherzustellen, dass der Riss parallel zur Unterkante des Seitenteils verläuft.

10 Richten Sie den Regalboden am angezeichneten Riss auf den Seitenteilen aus und befestigen Sie beide mit Schrauben aneinander. Leichter gelingt die Montage, wenn das L-förmige Element wie hier gezeigt senkrecht steht. (Schrauben: 45 mm)

11 Schrauben Sie auf die gleiche Weise und unter Berücksichtigung der angezeichneten Linien auch das zweite Seitenteil an. (Schrauben: 45 mm)

12 Wenn Sie mehrere Regalelemente übereinander aufbauen, sorgen Sie dafür, dass die Seitenteile wunschgemäß ineinandergreifen.

02

REGAL MIT SCHNÜREN

ZEIT 2 Stunden
LEVEL ●○○○○

Dieses Wandregal kommt mit einem Minimum an Bauteilen aus. Die Hanfschnur dient nicht nur dem Halt der Vorderseite, sondern rundet auch das kantige Erscheinungsbild des Regals ab. Es eignet sich gut für einen kleineren Raum wie etwa ein Badezimmer. Da die Böden nicht sehr tief sind (ca. 150 mm), eignet sich das Regal weniger für langfristige Aufbewahrung. Doch reicht der Platz aus, um vorübergehend Handy, Brille, Schlüssel und dergleichen darauf abzulegen.

Wenn man es an der Wand eines Zimmers im japanischen Stil montiert und dort einen Schrein platziert, hat man einen modernen schintoistischen Hausaltar (*Kamidana*).

Jegliche Sorge, die Regalböden könnten abbrechen oder vorkippen, weil sie nur von einer Hanfschnur gehalten werden, ist übrigens unbegründet:Die Schnur dient nur der Optik. Die Bretter sind stabiler als sie aussehen und fest und sicher an die beiden senkrechten Leisten geschraubt.

1
Das Einnuten und Befestigen der Bretter an den senkrechten Trägerleisten lässt praktisch keinen Bewegungsspielraum zu. Außerdem wird das Regal direkt an die Wand montiert, was die Stabilität zusätzlich erhöht.

2
Die Spannung der Hanfschnur entsteht durch das Festklemmen in den Schlitzen an den Enden der Leisten.

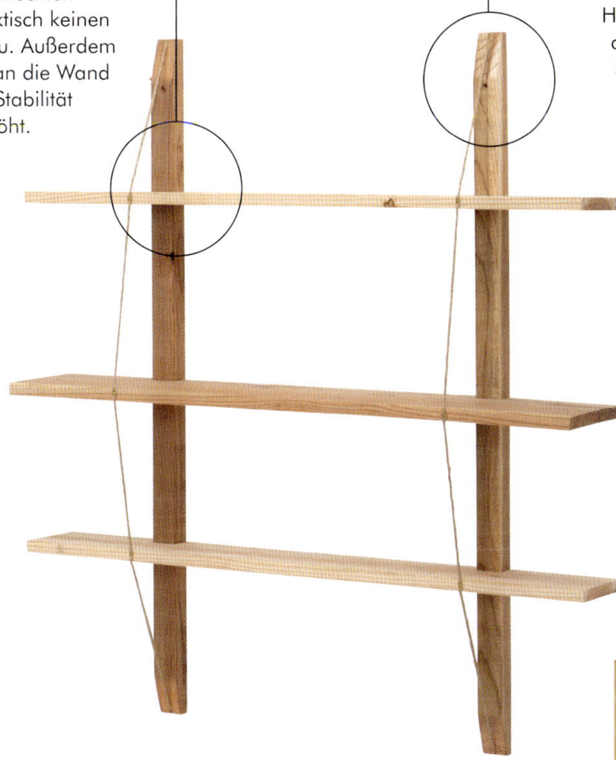

3
Die für diese Konstruktion verwendete Hanfschnur ist dünn. Sie hat lediglich eine unterstützende Aufgabe zu erfüllen.

麻紐を張って構成した軽快な飾棚
だれにもつくれるサッパリした小物棚

Das leichte Wandregal mit der Hanfschnur im Originalbuch.

BAUTEILE UND MATERIALIEN

S = Stärke

1 24 (S) x 30 x 800 mm: 2 Leisten

2 13 (S) x 90 x 700 mm: 2 Bretter

3 12 (S) x 150 x 700 mm: 1 Brett

Auf die numerierten Teile oben wird sowohl bei den Bauplänen als auch in den Anweisungen Bezug genommen.

WERKZEUGE

Ryoba-Säge, Stemmeisen, Hammer, Zwingen, Lineal und Rollmaßband, Zimmermannswinkel, Anschlagwinkel und Schmiege, Akkuschrauber, Schrauben (45 mm), Messingnägel (25 mm), Hanfschnur, Handhobel, Schleifmaschine, Schleifpapier, Holzleim

GRÖSSE DER BAUTEILE

Maßstab: 1:10
Maßangaben in mm

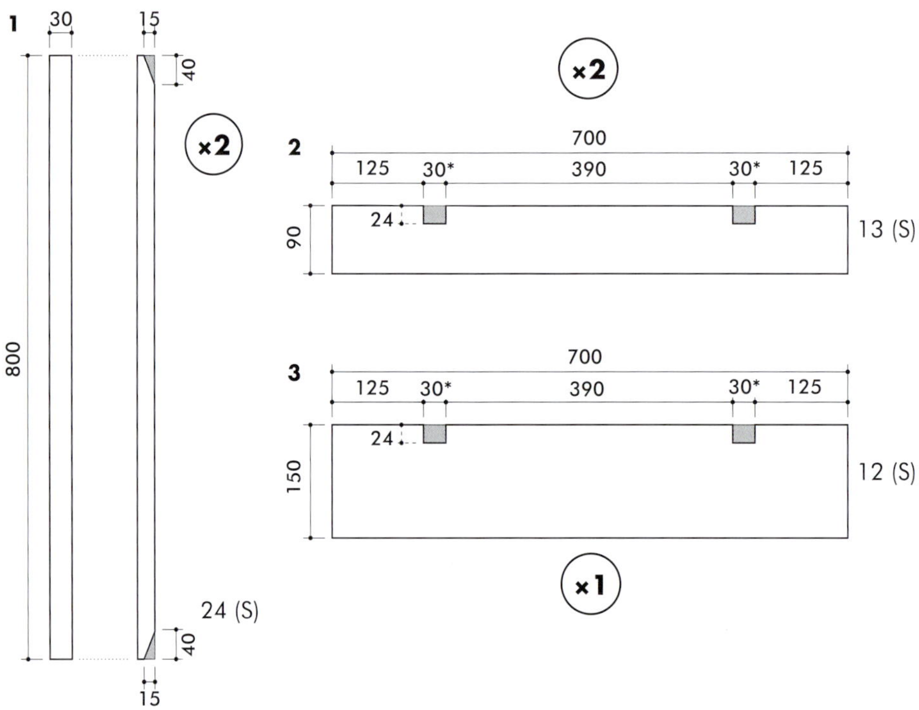

* Messen Sie die tatsächliche Breite jedes einzubauenden Teils nach.

BAUPLAN

Maßstab: 1:10

Maßangaben in mm

- ● Von der Seite einschrauben
- ● Von hinten einschrauben
- ○ Messingnagel
- ► Schraubrichtung (gegebenenfalls angegeben)

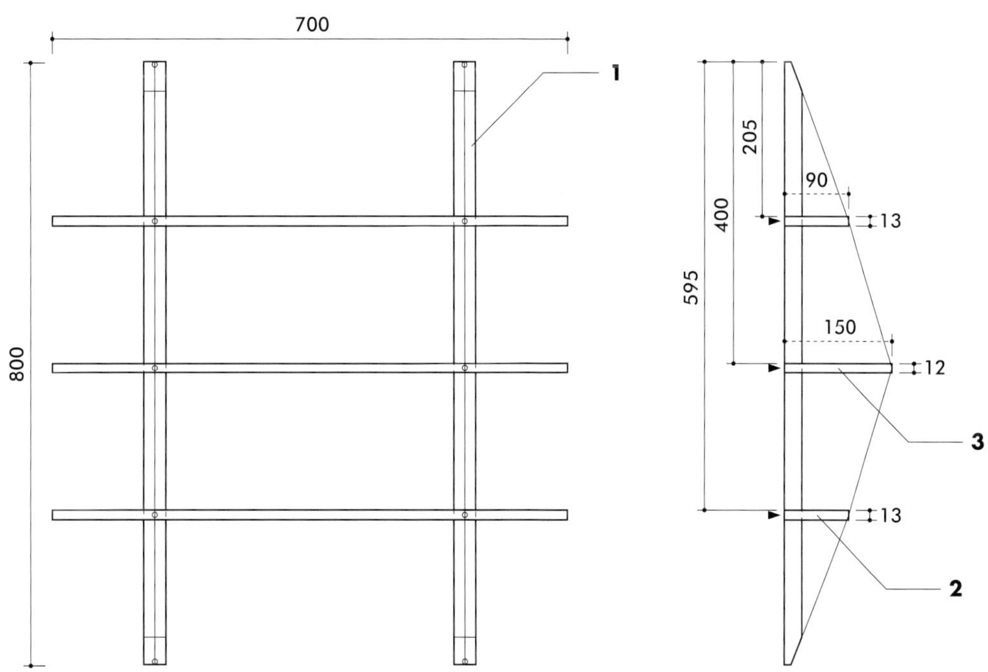

1 Verwenden Sie Lineal, Anschlagwinkel, Schmiege und Bleistift, um die Maße und Winkel an allen Bauteilen anzutragen.

2 Setzen Sie die Schnitte für die Nuten (**2**, **3**): zuerst diejenigen entlang der vorgezeichneten Linien, dann noch mehrere dazwischen.

3 Legen Sie die Nuten mit dem Stemmeisen nach und nach frei, bis Sie die Linie erreichen. Dann setzen Sie das Eisen direkt auf den Riss, entfernen vorsichtig mit dem Hammer schlagend die letzten Späne und putzen die Nut bis zum Nutgrund.

4 Schrägen Sie die Enden der Trägerleisten an (**1**). Verwenden Sie die Blattseite mit der Dreiecksverzahnung und sägen in einem flachen Winkel. Der Trick besteht darin, langsam und ohne allzu großen Kraftaufwand zu arbeiten.

5 Schneiden Sie eine kleine Kerbe in die Leistenenden (**1**). Mit der Säge setzen Sie einen kleinen Schnitt, der ausreicht, um die Hanfschnur aufzunehmen und festzuklemmen (siehe kleines Foto).

6 Nach dem Zuschnitt schleifen Sie alle Bauteile und brechen zum Schluss die Kanten mit dem Hobel. An den Ecken und entlang des Hirnholzes ist es besser, mit Schleifpapier zu arbeiten.

7 Montieren Sie das obere und das untere Regalbrett an die Trägerleiste (**1**, **2**). Drücken Sie die Leisten in die Nuten. Fügen Sie die Bauteile mithilfe eines Holzstücks vorsichtig mit dem Hammer zusammen. Sobald sie eingepasst sind, schrauben Sie sie von hinten fest. (Schrauben: 45 mm)

8 Bringen Sie das mittlere Brett (**3**) auf die gleiche Weise an wie die beiden äußeren. Sobald es richtig sitzt, schrauben Sie es ebenfalls von hinten an. (Schrauben: 45 mm)

9 Stecken Sie die Hanfschnur am oberen Ende der Trägerleiste in die kleine Kerbe, die Sie mit der Säge angelegt haben. Sichern Sie die Schnur mit einem Messingnagel, den Sie mit dem Hammer einschlagen. (Messingnägel: 25 mm)

10 Spannen Sie die Hanfschnur vorsichtig und nageln Sie sie an jedem Brett mit einem weiteren Messingnagel an. (Messingnägel: 25 mm)

11 Befestigen Sie das andere Ende der Schnur, indem Sie sie unter Spannung in die zweite Kerbe am unteren Ende der Trägerleiste ziehen. Fixieren Sie die Schnur mit einem weiteren Messingnagel. (Messingnägel: 25 mm)

12 Um das Regal an der Wand zu befestigen, verwenden Sie für jede Trägerleiste je eine Schraube oben und unten.

03

SCHMALES PRÄSENTATIONSREGAL

ZEIT 1 Stunde

LEVEL ●○○○○

Dieses kompakte Präsentationsregal eignet sich wunderbar, um Ihre Lieblingssammlung in Szene zu setzen. Da es nur 90 mm tief ist, taugt es gut für Tässchen, Kleinigkeiten oder Kinderspielfiguren. Wenn Sie an die Unterseite des Regals Haken befestigen und es neben den Wohnungseingang hängen, kann es sogar als Schlüsselhalter dienen. Alternativ können Sie die Regaltiefe und die übrigen Maße Ihren Vorstellungen anpassen.

Der hölzerne Rahmen wird verstärkt durch die Rückwand aus Sperrholz. Das Regal hat einen einfache, aber soliden Aufbau. Position und Zahl der Regalbretter lassen sich ohne Weiteres nach Bedarf verändern, ebenso wie Höhe und Tiefe. Lediglich ein Regalbrett muss eingebaut werden, damit das Regal ausreichend stabil ist. Falls es an der Wand hängen soll, sind Löcher in der Rückwand erforderlich, durch die man es an zwei Stellen anschrauben kann.

1
Alle Bauteile sind gerade und rechtwinklig. Sie sind also leicht zu verändern und an individuelle Bedürfnisse anzupassen.

2
Die Regalböden werden von außen durch die Seitenwände angeschraubt. Ihre Positionen können nach Belieben verändert werden.

3
Für eine ausgewogene Optik sollten die Schrauben auf der Rückseite und in den Seitenteilen in gleichmäßigen Abständen eingedreht werden.

麻紐を張って構成した軽快な飾棚

だれにもつくれるサッパリした小物棚

Das klar und frisch designte Regal, das jeder bauen kann, aus der ursprünglichen Veröffentlichung.

BAUTEILE UND MATERIALIEN

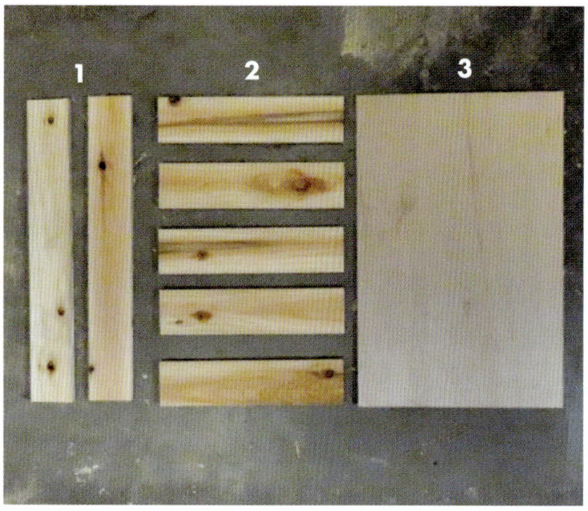

S = Stärke

1 13 (S) x 90 x 660 mm: 2 Bretter

2 13 (S) x 90 x 374 mm: 5 Bretter

3 5,5 (S) x 400 x 600 mm: 1 Platte (Sperrholz)

Auf die numerierten Teile oben wird sowohl bei den Bauplänen als auch in den Anweisungen Bezug genommen.

WERKZEUGE

Lineal und Rollmaßband, Zimmermannswinkel, Anschlagwinkel und Schmiege, Akkuschrauber, Schrauben (35 mm, 25 mm), Handhobel, Schleifmaschine, Schleifpapier, Holzleim

GRÖSSE DER BAUTEILE

Maßstab: 1:10

Maßangaben in mm

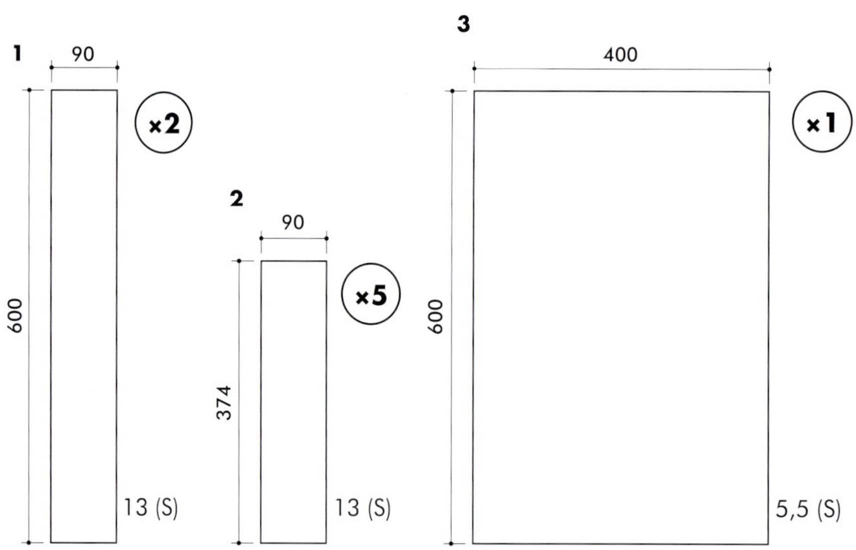

BAUPLAN

Maßstab: 1:5

Maßangaben in mm

- ● Von der Seite einschrauben
- ● Von hinten einschrauben
- ○ Messingnagel
- ► Schraubrichtung (gegebenenfalls angegeben)

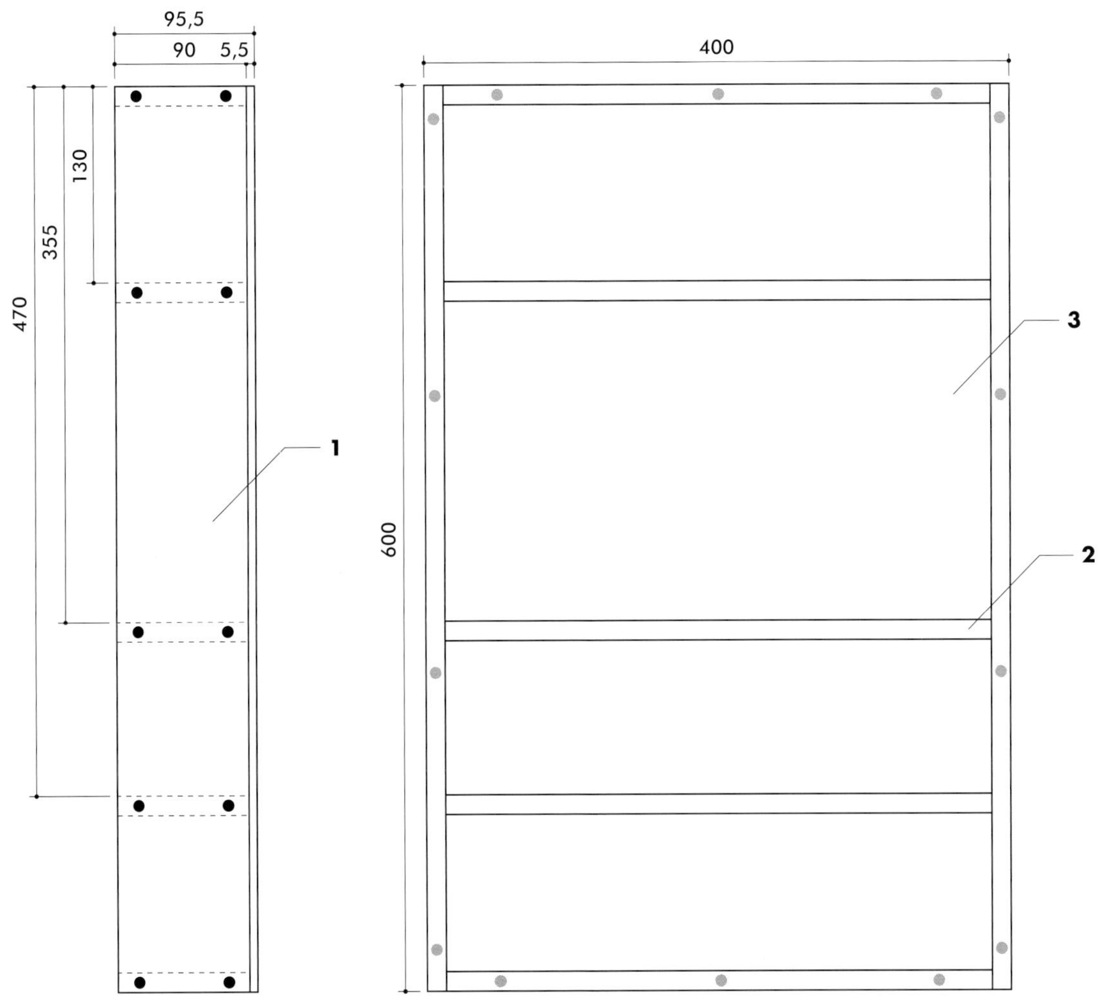

1 Verwenden Sie Lineal, Anschlagwinkel, Schmiege und Bleistift, um die Maße und Winkel an allen Bauteilen anzutragen.

2 Kennzeichnen Sie die Schraubenpositionen auf den Seitenteilen (**1**). Um sich das Ausmessen jeder einzelnen Position zu ersparen, können Sie zwei Schraubenlöcher auf gleicher Höhe auf einer Hilfsleiste anzeichnen und von dort auf das Bauteil übertragen.

3 Bohren Sie die Löcher mit einem Versenkbohrer vor. Beim Schrauben in Hirnholz verhindern Sie so das Ausreißen. Außerdem stehen auf diese Weise die Schraubenköpfe nicht heraus, was das Erscheinungsbild optimiert.

4 Nach dem Zuschnitt schleifen Sie alle Bauteile und brechen zum Schluss die Kanten mit dem Hobel. An den Ecken und entlang des Hirnholzes ist es besser, mit Schleifpapier zu arbeiten.

5 Schrauben Sie das erste Brett an ein Seitenteil (**1**, **2**). Bündigkeit erreichen Sie, indem Sie auf einer ebenen Fläche montieren und die Bauteile zusammenpressen. Verleimen Sie die Verbindung und schrauben Sie sie fest. (Schrauben: 35 mm)

6 Befestigen Sie die verbleibenden Regalböden am Seitenteil. Einfacher ist es, wenn Sie um das Werkstück herum gehen, anstatt es zu verschieben.

7 Montieren Sie das zweite Seitenbrett am bis hierher fertiggestellten Regal (**1**, **2**). Beginnen Sie mit den beiden äußersten Brettern. (Schrauben: 35 mm)

8 Legen Sie das Regal mit der Rückseite nach unten auf die Werkbank. Falls es nicht plan aufliegt, ziehen Sie es diagonal über die Kante und richten es durch sanften Druck auf gegenüberliegende Ecken aus.

9 Zeichnen Sie die Schraubenpositionen auf der Rückwand an (**3**). Nutzen Sie dazu eine Leiste als Ihr Lineal, um die gleichen Abstände auf der gegenüberliegenden Seite zu wiederholen.

10 Schrauben Sie die Rückseite an (**3**). Bohren Sie Löcher an den gekennzeichneten Positionen vor und schrauben Sie die Platte fest. Verfahren Sie dabei diagonal. (Schrauben: 25 mm)

11 Stellen Sie das Regal fertig, indem Sie die Kanten und Ecken der Rückseite mit dem Hobel brechen und dann mit Schleifpapier nacharbeiten.

12 Kontrollieren Sie noch einmal alle Kanten und arbeiten Sie bei Bedarf mit Schleifpapier nach.

04 EINFACHER SCHIRMSTÄNDER

ZEIT 3 Stunden
LEVEL ●●○○○

Dieser schlanke Schirmständer passt an die Wand nahezu jeden Eingangs. Dank der offenen Gestaltung trocknen nasse Schirme leicht. Das entscheidende Bauteil ist das wellenförmige Brett des oberen Abschlusses. Es sorgt dafür, dass hier angelehnte Schirme nicht umfallen, sondern ordentlich abgestellt sind und abtropfen können. Aus Designersicht machen insbesondere die einander überkreuzenden Ständer das Wohnelement attraktiv.

Tatsächlich aber sind es der untere und der obere Rahmen, die der gesamten Konstruktion Festigkeit verleihen. Von der Seite betrachtet sind diese beiden Strukturen trapezförmig. Um einer Form Festigkeit zu geben, eignen sich Trapeze besonders gut, weil sie Diagonalen einbeziehen. Wenn unterer Rahmen und Boden nicht geschützt werden, sind sie anfällig für Schimmel und Verfärbungen. Dagegen beugt ein Außenanstrich mit Anti-Schimmel-Schutz vor.

1
Das wellenförmige Kopfstück ist wichtig, damit die Schirme nicht umfallen und gut abtropfen können. Außerdem setzt es einen interessanten optischen Akzent.

2
Die Trapezform des oberen und unteren Rahmens sorgt für Festigkeit und verhindert Verdrehen. Außerdem erleichtert sie das Einstellen der Schirme.

3
Der Boden des eigentlichen Schirmständers weist gewollte Spalten auf, damit das Wasser aus den Schirmen sich nicht ansammelt, sondern ablaufen kann.

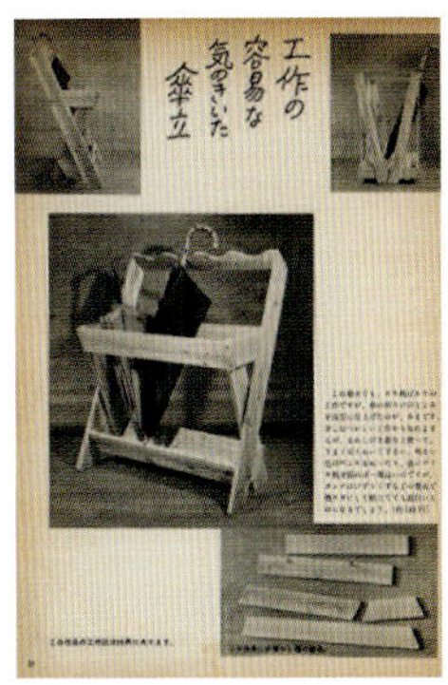

Der ausgetüftelte, leicht montierbare Schirmständer aus dem Originalbuch.

BAUTEILE UND MATERIALIEN

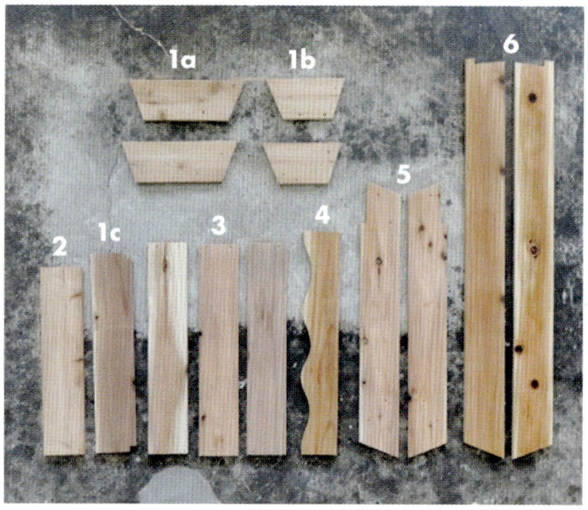

S = Stärke

1 13 (S) x 90 x 424 mm: 3 Bretter

2 13 (S) x 90 x 398 mm: 1 Brett

3 13 (S) x 90 x 450 mm: 3 Bretter

4 13 (S) x 90 x 476 mm: 1 Brett

5 13 (S) x 90 x 600 mm: 2 Bretter

6 13 (S) x 90 x 830 mm: 2 Bretter

Auf die numerierten Teile oben wird sowohl bei den Bauplänen als auch in den Anweisungen Bezug genommen.

WERKZEUGE

Ryoba-Säge, Stichsäge, Zwingen, Lineal und Rollmaßband, Zimmermannswinkel, Anschlagwinkel und Schmiege, Akkuschrauber, Schrauben (35 mm, 25 mm), Handhobel, Schleifmaschine, Schleifpapier, Holzleim

GRÖSSE DER BAUTEILE

Maßstab: 1:10
Maßangaben in mm

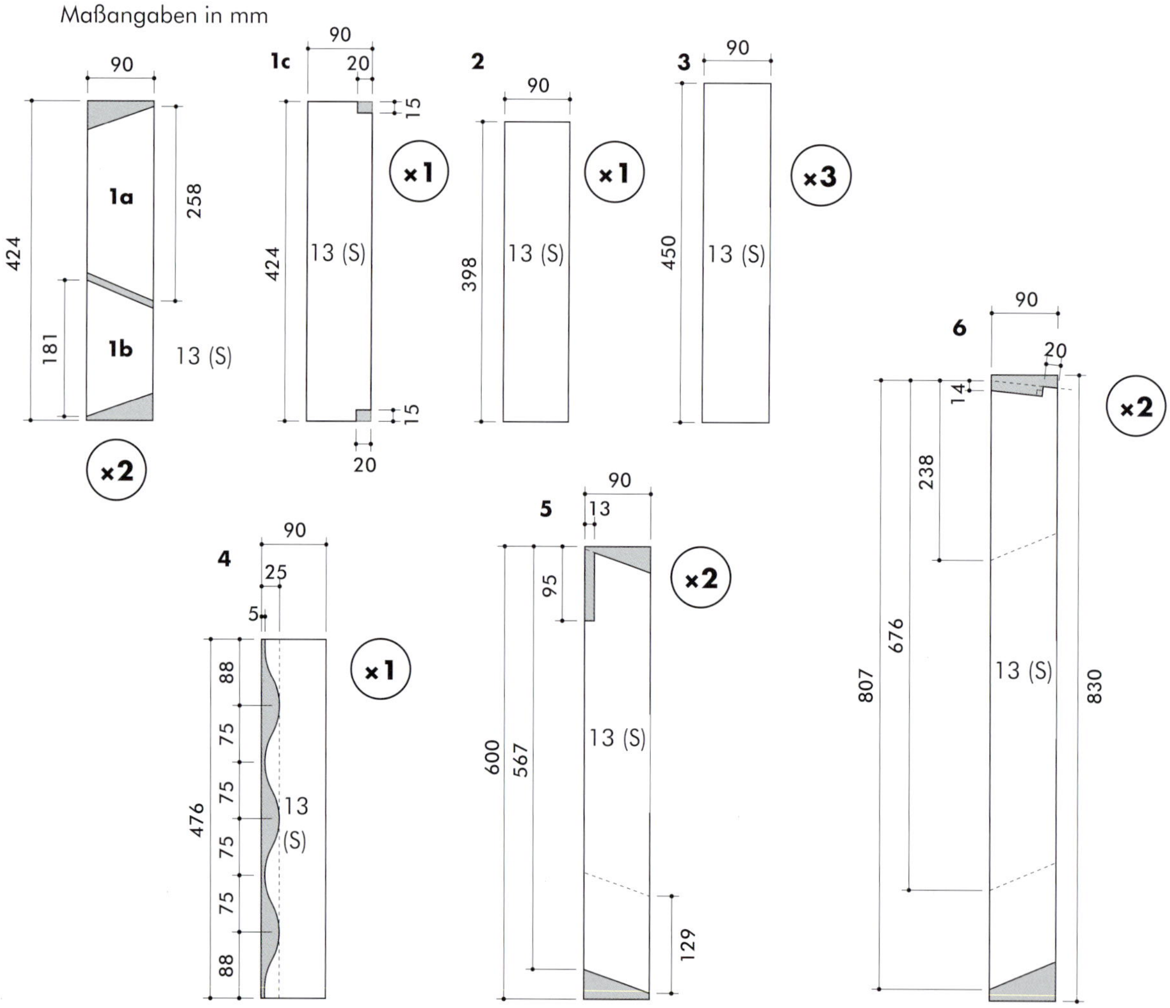

BAUPLAN

Maßstab: 1:8
Maßangaben in mm

- ● Von der Seite einschrauben
- ● Von hinten einschrauben
- ○ Messingnagel
- ► Schraubrichtung (gegebenenfalls angegeben)

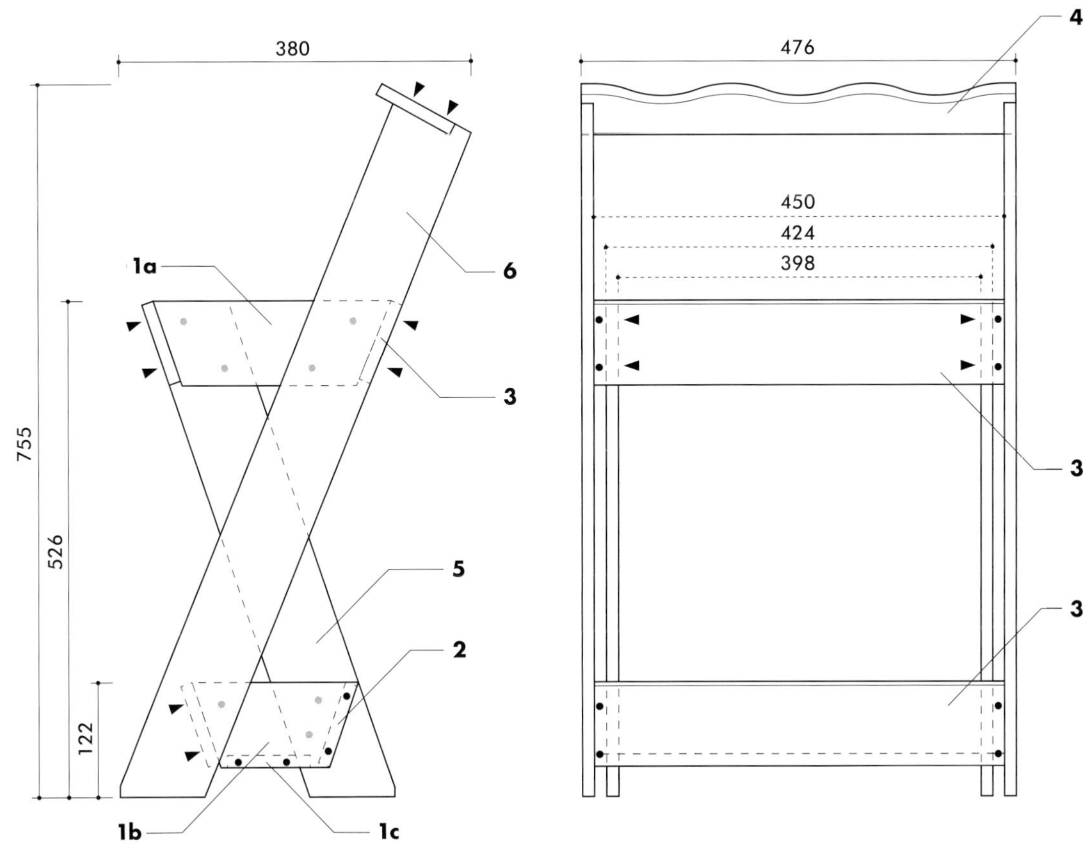

1 Verwenden Sie Lineal, Anschlagwinkel, Schmiege und Bleistift, um die Maße und Winkel an den betreffenden Bauteilen anzutragen. Achten Sie darauf, dass alles richtig angezeichnet ist. Schneiden Sie die Bauteile mit der Säge zu.

2 Legen Sie die Nuten in den Ständern an (**5**, **6**). Sägen Sie erst möglichst horizontal und dann nach und nach vertikal. Heben Sie auf dem Weg zum Strichende die Säge langsam immer weiter an, bis sie senkrecht läuft.

3 Stellen Sie die wellenförmige Kante des Kopfstücks (**4**) mit der Stichsäge her. Beim Schneiden von Kurven halten Sie die Säge senkrecht und arbeiten nach unten.

4 Nach dem Zuschnitt schleifen Sie alle Bauteile und brechen zum Schluss die Kanten mit dem Hobel. An den Ecken und entlang des Hirnholzes ist es besser, mit Schleifpapier zu arbeiten.

5 Setzen Sie den oberen Rahmen zusammen (**1a, 3**). Achten Sie beim Festschrauben oben auf Bündigkeit. Bohren Sie die Löcher mit dem Versenkbohrer vor. Vergewissern Sie sich, dass die Seitenteile in die richtige Richtung weisen. (Schrauben: 35 mm)

6 Montieren Sie den unteren Rahmen (**1b**, **3**) auf die gleiche Weise, doch jetzt zuerst nur drei Seiten in einer U-Form. Achten Sie darauf, dass die Seitenteile korrekt angebracht sind. (Schrauben: 35 mm)

7 Befestigen Sie den kurzen Ständer (**5**) von innen am oberen Rahmen. Sorgen Sie dafür, dass der Rahmen gut in der vorgesägten Nut sitzt und schrauben Sie den Ständer nach oben bündig an. (Schrauben: 25 mm)

8 Bohren Sie die Löcher dort vor, wo die Rückseite des unteren Rahmens (**2**) und der kürzere Ständer (**5**) am unteren Rahmen befestigt werden. Nutzen Sie die Schmiege, um Befestigungspunkte und Winkel zu bestimmen. (Schrauben: 35 mm)

9 Fixieren Sie den unteren Rahmen anhand der im Bauplan vorgegebenen Befestigungspunkte. Markieren Sie sie an der Außenseite der kürzeren Ständer (**5**). Dann richten Sie den unteren Rahmen nach den angezeichneten Rissen aus und schrauben ihn fest. (Schrauben: 45 mm)

10 Montieren Sie die langen Ständer (**6**) an den oberen und unteren Rahmen. Übernehmen Sie die Maße aus dem Bauplan und zeichnen Sie die Befestigungspunkte an. Schrauben Sie die Ständer gemäß der angezeichneten Risse fest. (Schrauben: 25 mm)

11 Bringen Sie am unteren Rahmen das Bodenbrett an (**1c**). Lassen Sie auf beiden Seiten gleich große Spalten. Sie verhindern, dass sich Regenwasser ansammelt. Fixieren Sie den Boden mit Schrauben. (Schrauben: 35 mm)

12 Zuletzt befestigen Sie das wellenförmige Kopfbrett (**4**) am oberen Ende der beiden hohen Ständer. Falls der Schirmständer wackelt, korrigieren Sie unten mit der Säge oder mit Schleifpapier.

05 OFFENES SCHUHREGAL

ZEIT 3 Stunden

LEVEL ●●●●○

Dieses Schuhregal eignet sich zum Abstellen nasser Leder- oder schlammiger Sportschuhe und Stiefel. Zugunsten einer guten Belüftung hat es weder Rückseite noch Türen. Außerdem stehen die Schuhe auf jeder Regalebene auf drei Leisten. Selbst wenn also nasse Schuhe ihren Weg in das Möbelstück finden, sammelt sich keine Feuchtigkeit an, und das Trocknen geht rasch vonstatten. Erde und Schmutz von den Sohlen sammeln sich auf einer Sperrholzplatte, die sich zur Reinigung einfach herausnehmen lässt.

Die Seitenteile bestehen aus 18 mm starken Sugibrettern. Sie sind dick genug, um allein durch ihre Befestigung in den vier Ecken ausreichende Festigkeit zu gewährleisten. Die vier hinteren Querbretter als Rückenverstärkung erhöhen die Stabilität zusätzlich. Wackeln ist ausgeschlossen. Stünden die Seitenteile einfach gerade auf dem Boden, sähe das Regal schwerfällig aus. Für mehr Leichtigkeit sind deshalb mit winkeligen Einschnitten Beine angedeutet, und die obere Kante des Regals ist abgeschrägt.

1
Schmutz und Erde von den Schuhsohlen fallen auf eine Sperrholzplatte, die zur einfachen Reinigung herausgenommen werden kann.

2
Beachten Sie das obere und das untere Ende der Seitenteile. Für eine frischere Optik ist das obere Ende in einem flachen Winkel abgeschrägt. Unten vermeiden angedeutete Füße jedes Wackeln auf unebenem Boden und gewährleisten gute Belüftung.

3
Die vier Querbretter auf der Rückseite dienen als Verstärkung und gestatten außerdem eine gute Belüftung.

Das leicht zu reinigende Schuhregal aus der ursprünglichen Veröffentlichung.

BAUTEILE UND MATERIALIEN

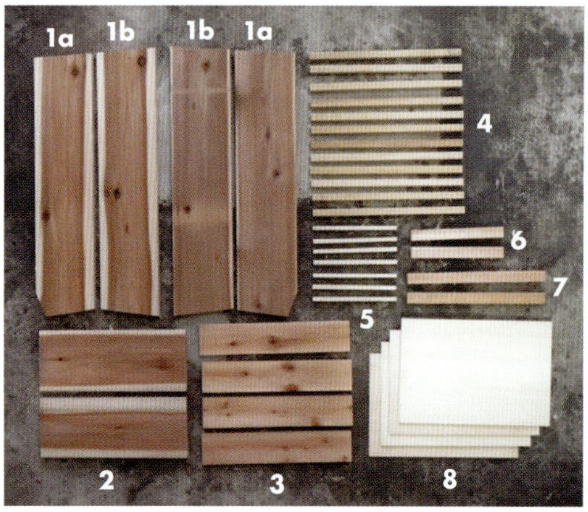

S = Stärke

1 18 (S) x 180 x 800 mm: 4 Bretter
2 18 (S) x 180 x 450 mm: 2 Bretter
3 13 (S) x 90 x 450 mm: 4 Bretter
4 18 (S) x 18 x 450 mm: 12 Leisten
5 12 (S) x 12 x 260 mm: 6 Leisten
6 24 (S) x 30 x 275 mm: 2 Leisten
7 24 (S) x 30 x 402 mm: 2 Leisten
8 5,5 (S) x 300 x 445 mm: 4 Platten (Sperrholz)

Auf die numerierten Teile oben wird sowohl bei den Bauplänen als auch in den Anweisungen Bezug genommen.

WERKZEUGE

Ryoba-Säge, Zwingen, Hammer, Lineal und Rollmaßband, Zimmermannswinkel, Anschlagwinkel und Schmiege, Akkuschrauber, Schrauben (45 mm, 25 mm), Wellennägel, Handhobel, Schleifmaschine, Schleifpapier, Holzleim

GRÖSSE DER BAUTEILE

Maßstab: 1:10
Maßangaben in mm

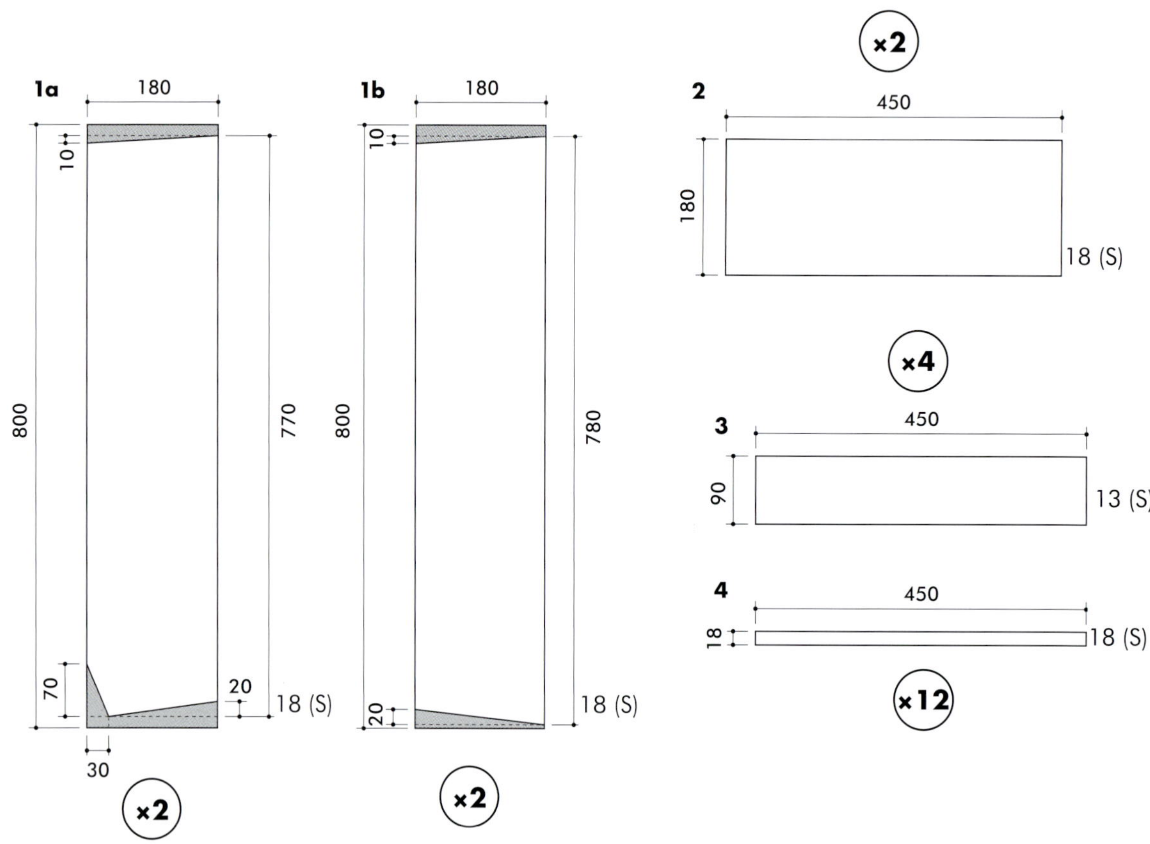

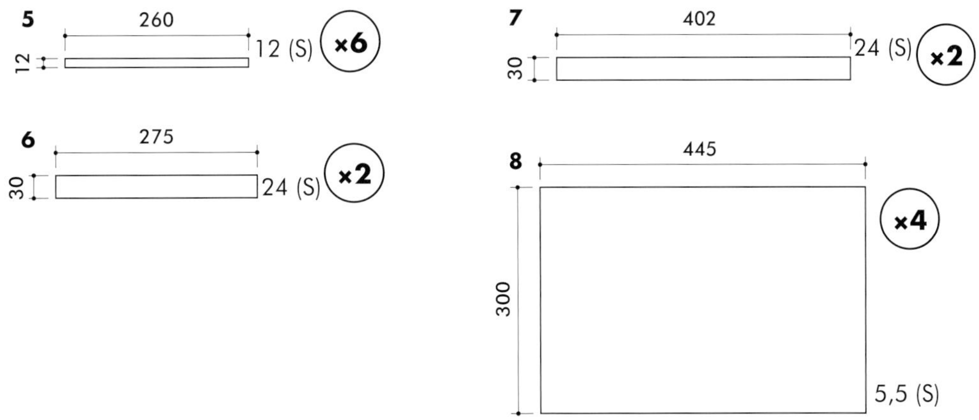

BAUPLAN

Draufsicht

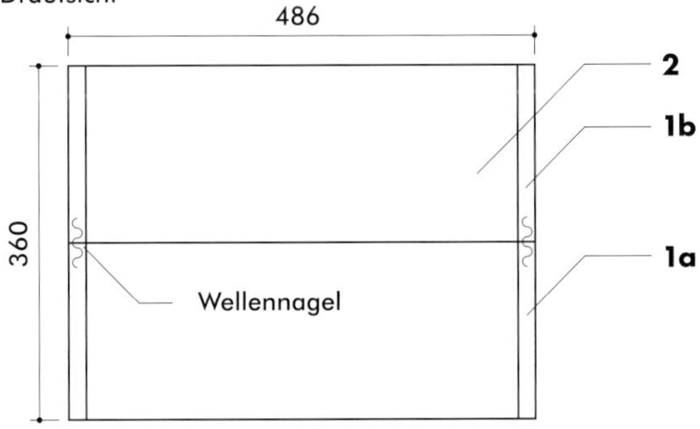

Maßstab: 1:10
Maßangaben in mm

- ● Von der Seite einschrauben
- ● Von hinten einschrauben
- ○ Messingnagel
- ▸ Schraubrichtung (gegebenenfalls angegeben)

Vorderseite

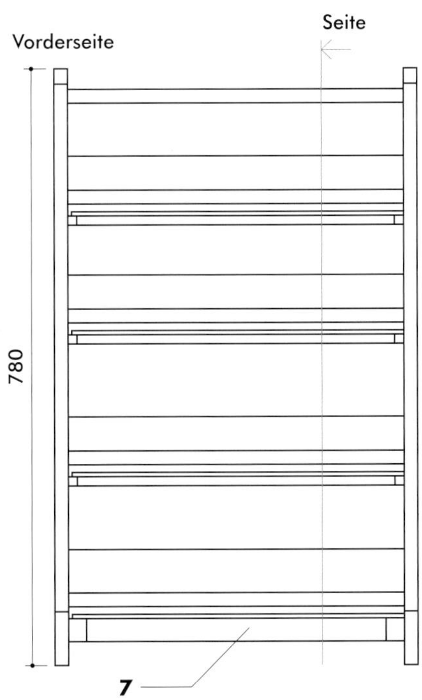

Seite

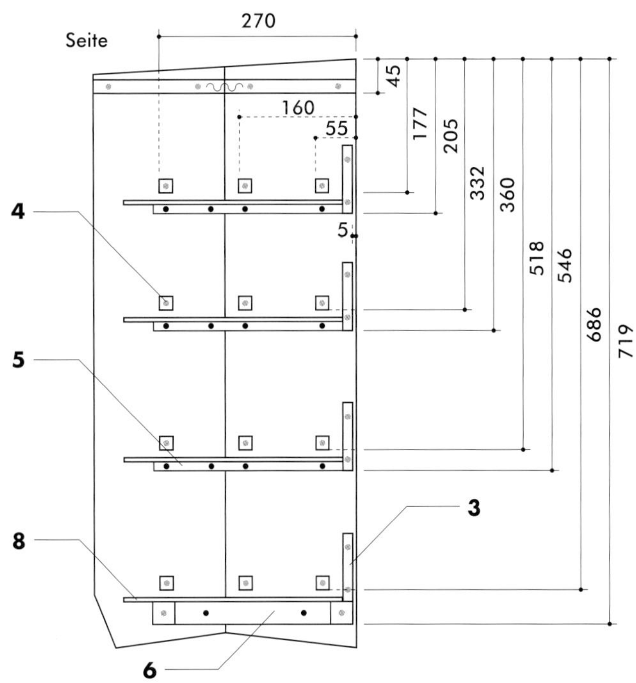

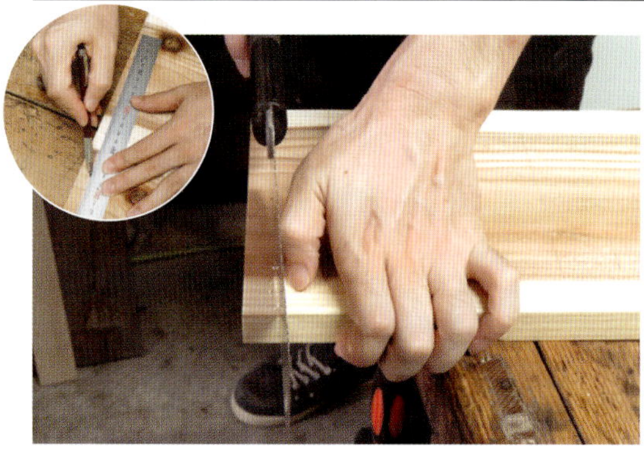

1 Verwenden Sie Anschlagwinkel, Schmiege und Bleistift, um Ihre Schnitte anzuzeichnen. Dann sägen Sie die Bauteile zurecht. Oder Sie handhaben die Säge frei.

2 Befestigen Sie die Leisten (**5**) am Seitenteil (**1a**, **1b**). Legen Sie die beiden Bretter für das Seitenteil aneinander und zeichnen Sie die Leistenpositionen an. Dann bohren Sie mit dem Versenkbohrer vor und drehen die Schauben entlang der vorgezeichneten Linien ein. (Schrauben: 25 mm)

3 Markieren Sie die Positionen für den unteren Rahmen und das obere Abschlussbrett (**2**, **6**, **7**) an der Innenseite des Seitenteils. Bohren Sie die Löcher für sie und alle weiteren Leisten vor, dann drehen Sie das Seitenteil um und arbeiten die Löcher mit dem Versenkbohrer von außen nach.

4 Schleifen Sie im nächsten Arbeitsgang alle Teile und brechen Sie die Kanten mit dem Hobel. Um Hobelschäden zu vermeiden, ist es besser, an den Ecken und entlang des Hirnholzes mit Schleifpapier zu arbeiten.

5 Montieren Sie den unteren Rahmen (**6**, **7**). Pressen Sie die Leisten beim Zusammenschrauben fest aufeinander, damit die Abschlüsse oben bündig sind. (Schrauben: 45 mm)

6 Verbinden Sie die beiden Bretter des oberen Abschlussbretts (**2**) mit Wellennägeln. Befestigen Sie es dann wie den unteren Rahmen am Seitenteil. Pressen Sie die Bauteile beim Schrauben fest aneinander. (Schrauben: 45 mm)

7 Montieren Sie das zweite Seitenteil. Sorgen Sie dafür, dass der untere Rahmen und das obere Abschlussbrett an der richtigen Stelle sitzen, korrigieren Sie gegebenenfalls und schrauben Sie dann an. (Schrauben: 45 mm)

8 Drehen Sie am ersten Seitenteil alle Schrauben in die in Schritt 3 für die Trägerleisten (**4**) vorgebohrten Löcher, bis die Spitzen auf der anderen Seite zu sehen sind. So geht das Festschrauben schneller. (Schrauben: 45 mm)

9 Richten Sie die Trägerleisten auf den vorgezeichneten Rissen aus. Drehen Sie die Schrauben langsam ein, während Sie die Leiste fest an das Seitenteil pressen, damit keine Ritze zwischen ihnen bleibt. (Schrauben: 25 mm)

10 Befestigen Sie die vier verstärkenden Querbretter (**3**) auf der Rückseite mit Schrauben auf die gleiche Weise wie in Schritt 9. (Schrauben: 45 mm)

11 Fixieren Sie ebenso die Leisten am anderen Seitenteil und wiederholen Sie die Schritte 8–10. (Schrauben: 45 mm)

12 Als Letztes schieben Sie die Sperrholzplatten (**8**) auf die Trägerleisten. Stellen Sie das Schuhregal auf eine ebene Fläche und überprüfen Sie, ob es wackelt. Falls ja, korrigieren Sie mit Schleifpapier oder Säge.

Nachwort

Beim Übertragen der mehr als 60 Jahren alten Baupläne der KAK-Designgruppe in ein digitales Format und dem Nachbauen ihrer Möbel habe ich viel dazugelernt. Unter anderem stellte ich wieder fest, wie schön es ist, eine Säge zu benutzen und kein Elektrowerkzeug. Wer an die modernen Helfer gewöhnt ist, der meint, dass es schwierig ist, mit einer Säge einen geraden Schnitt hinzubekommen und dass der Arm schnell ermüdet. Doch hat man das Sägen erst einmal gelernt, tritt der Arbeitsprozess in den Vordergrund. Elektrowerkzeuge wie eine Handkreis- oder Stichsäge müssen erst sorgfältig eingestellt werden, aber hat man das Material mit der Hand oder einer Schraubzwinge fixiert, kann man sofort lossägen. Endlich habe ich die Vorteile des Gebrauchs von Handwerkzeugen erkannt.
Außerdem habe ich festgestellt, dass man aus Weichholz stabiles Mobiliar bauen kann, solange man ihm genug Festigkeit verleiht. Das gelingt unter anderem durch die Einbeziehung V-förmiger Beine, die Kräfte verteilen, oder die Verwendung von Sperrholz und breiten Bauteilen, um Verwindungen zu verringern. Beim Anblick der fertigen Möbelstücke der KAK-Gruppe war es fast so, als trete ich über die Baupläne in einen Dialog mit den Designern. Die nachfolgenden Worte von Yoshio Akioka haben sich mir tief eingeprägt: „Denke sorgfältig über das nach, was du willst. Mache es dir zu eigen. Im Wesentlichen: Ersinne dein eigenes Werkzeug, nutze es mit ganzem Einsatz, finde heraus, ob es seinen Dienst tut, und wenn nicht, dann überlege, wie du es verbessern oder erneuern kannst, so lange, bis du zufrieden bist ... Das ist es, worum es beim handwerklichen Herstellen geht."

Yuki Onuma, Möbelproduktion

Angaben zu den Bauteilen für die deutsche Ausgabe

	Bauteile im Buch (Stärke x Breite in mm)	**Vorgeschlagener Ersatz (Stärke x Breite in mm)**
Leisten	13 x 45	14 x 40 oder 15 x 45
	13 x 90	14 x 80 oder 15 x 100
	15 x 30	14 x 30 oder 15 x 30
	15 x 45	14 x 48 oder 15 x 45
	24 x 30	23 x 30 oder 25 x 30
	30 x 40	29 x 40 oder 30 x 40
Kantholz	45 x 120	44 x 94
Quadratstäbe	12 x 12	10 x 10 oder 15 x 15
	15 x 15	15 x 15
	18 x 18	20 x 20
	30 x 30	28 x 28 oder 30 x 30
Bretter	12 x 150	18 x 150
	18 x 180	18 x 190
	21 x 210	18 x 210 oder 21 x 215
	21 x 240	18 x 250
Sperrholz	5,5	4 oder 6

Das Bauprinzip der hier vorgestellten Möbel ist einfach. Sie werden aus Brettchen, Leisten, Kanthölzern und Platten schlichtweg zusammengeschraubt. Die für Möbel erforderliche Stabilität bewirkt eine klug ausgedachte Konstruktionsweise, die vor allem auf verschiedene Dreiecks- und Klemmverbindungen setzt. Wie so oft wirkt die Reduzierung auf das Einfache besonders ästhetisch und lässt ansprechende Designobjekte entstehen, die keineswegs nach den üblichen Heimwerkerarbeiten aussehen. Erstaunlich ist, wie wenig Zeit und Aufwand, Material und Werkzeug notwendig sind, um solches begehrenswertes Wohninventar zu bauen. Und es ist so unglaublich befriedend, selbst etwas Sinnvolles, Brauchbares und Schönes herzustellen! Im Zentrum des Bauprinzips steht die Beschränkung auf eine sehr geringe Zahl Konstruktionshölzer: für 30 Bauprojekte insgesamt nur 16 verschieden große Holzbauteile. Die Maßangaben beziehen sich auf Massivholzleisten, wie sie in Japan in Baumärkten und bei Holzhändlern erhältlich sind. Leider sind die üblichen Maße dort andere als bei uns. In unseren Baumärkten finden Sie keine 13 mm dicke und 45 mm breite Leiste. Aber es sind Annäherungen von 14 mm x 40 mm erhältlich. Haben Sie den Mut, die Leistenformate zu nutzen, die Sie bekommen können, auch dann, wenn sie von den Angaben in diesem Buch geringfügig abweichen.
In der nachfolgenden Tabelle finden Sie entsprechende Vorschläge. Bei uns im Baumarkt erhältliche (Glattkant-/ Leimholz-) Bretter sind in der Regel 18 mm stark und können überall dort zum Einsatz kommen, wo in Japan Brettstärken zwischen18–21 mm üblich sind. Auch Sperrholz wird nicht 5,5 mm stark angeboten, sondern in 4, 6 oder 8 mm. Sollte Ihnen die Suche nach dem richtigen Holz zu zeitaufwändig sein, dann können Sie natürlich auch einen der vielen Internethändler bemühen und bei ihm das Material in den angegebenen Maßen und fertig zugeschnitten bestellen.

NOTIZEN

NOTIZEN

Buchempfehlungen für Sie

Noch mehr Kreativ-Bücher zum gleichen Thema gesucht?

ISBN 978-3-7724-7290-9

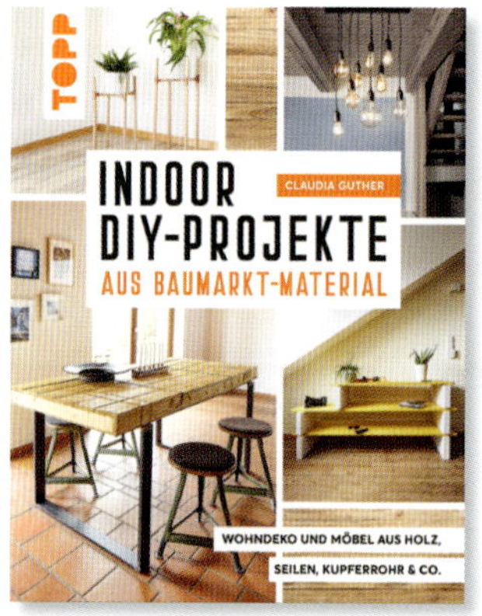

ISBN 978-3-7724-7169-8

ISBN 978-3-7358-5098-0

ISBN 978-3-7724-8085-0

ISBN 978-3-7724-4333-6

ISBN 978-3-7724-4547-7

ISBN 978-3-7724-5980-1

ISBN 978-3-7724-7787-4

ISBN 978-3-7724-4513-2

Viele weitere Kreativ-Bücher finden Sie auf www.TOPP-kreativ.de

ISBN 978-3-7724-7198-8

ISBN 978-3-7358-5113-0

ISBN 978-3-7358-5080-5

ISBN 978-3-7724-4213-1

ISBN 978-3-7724-4387-9

ISBN 978-3-7724-4639-9

ISBN 978-3-7358-5086-7

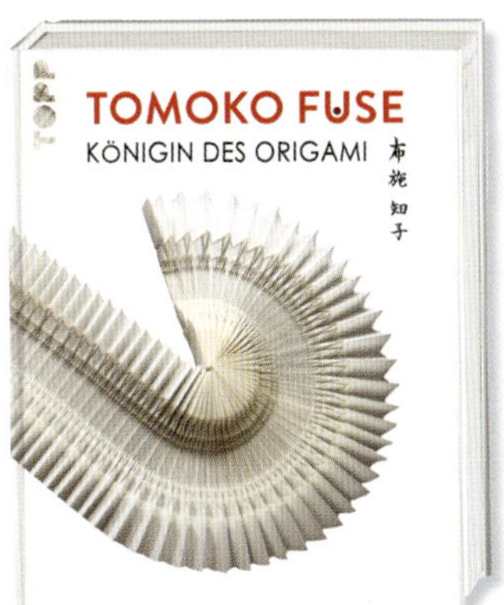

ISBN 978-3-7724-7163-6

ISBN 978-3-7724-7707-2

#TOPPPROJEKT

Die eigene Kreativität zeigen: TOPPprojekt mit anderen Kreativen teilen und Teil der Gemeinschaft werden.

DIY-begeistert und auf Instagram? Dann unbedingt mitmachen! Hier gibt's Tipps und Feedback zu den eigenen Projekten. Außerdem verlosen wir jeden Monat ein Überraschungspaket. Um am Gewinnspiel teilzunehmen, einfach ein Bild vom Kreativ-Projekt aus unseren Büchern mit #TOPPprojekt posten und unserem Account @frechverlag folgen. Mehr Infos auf TOPP-kreativ.de/TOPPprojekt

Website
Auf TOPP-kreativ.de können Sie ein riesiges Angebot von über 1.000 Kreativbüchern, Sets & mehr entdecken.

Newsletter
Gleich anmelden unter: TOPP-kreativ.de/newsletter und immer als Erstes von unseren Neuheiten und Sonderaktionen erfahren.

Instagram
@frechverlag

Pinterest
pinterest.com/frechverlag

Facebook
facebook.com/frechverlag

DigiBib
Hier finden Sie zusätzlich zu vielen unserer Bücher digitale Extras, wie Video-Tutorials, Plotter-Dateien, Vorlagen, Übungsblätter & vieles mehr. Einfach im Impressum Ihres TOPP-Buchs den Freischalte-Code nachschlagen und exklusive Inhalte freischalten. TOPP-kreativ.de/digibib

Youtube
youtube.com/frechverlag

Wer wir sind, wie wir arbeiten, was wir lieben …

Auf Instagram, Facebook und Pinterest finden Sie mehr über uns und unsere Arbeit und werden immer schnell und einfach mit den neuesten Infos versorgt.

Alle News, alle Infos und alle Links finden Sie auf www.TOPP-kreativ.de

IMPRESSUM

Dieses Buch wurde erstmals gestaltet und veröffentlicht in Japan in 2019 von Graphic-sha Publishing Co., Ltd. Titel der Originalausgabe: SUGI DE TSUKURU KAGU

Für die Originalausgabe:
Autor: Group monomono
Autor des Originaltexts: KAK Design
Möbelherstellung: Yuki Onuma (gyutto design)
Layout: Katsuji Takahashi (eats & crafts)
Fotografie: Takayuki Yoshizaki
Produktmanagement: Yoshito Kasahara (Atelier Yoshito Kasahara)
Planung: Daizen Sugamura
Lektorat: Naoko Yamamoto (Graphic-sha Publishing Co., Ltd.)
Produktmanagemnt Foreign editions: Takako Motoki (Graphic-sha Publishing Co., Ltd.)
Production cooperation: Yo Akioka, Meguro Museum of Art, monomono, Aiba Group, ReBITA

Für die deutsche Ausgabe:
Produktmanagement: Laila Prota, Mariel Marohn
Covergestaltung: Eva Hook
Übersetzung: FSM Premedia GmbH & Co. KG, Diane von Weltzien
Lektorat: FSM Premedia GmbH & Co. KG, Manuela Kießl
Produktion und Satz: FSM Premedia GmbH & Co. KG
Herstellung: Katrin Röhlig
Druck und Bindung: PNB Print Ltd, Lettland

1. Auflage 2023

ISBN: 978-3-7358-5163-5 • Best.-Nr. 25163

FSC® www.fsc.org MIX Papier | Fördert gute Waldnutzung FSC® C084698

Penguin Random House
Verlagsgruppe FSC® N001967